Zur Einführung.

Die **Werkstattbücher** behandeln das Gesamtgebiet der Werkstattechnik in kurzen selbständigen Einzeldarstellungen; anerkannte Fachleute und tüchtige Praktiker bieten hier das Beste aus ihrem Arbeitsfeld, um ihre Fachgenossen schnell und gründlich in die Betriebspraxis einzuführen.

Die Werkstattbücher stehen wissenschaftlich und betriebstechnisch auf der Höhe, sind dabei aber im besten Sinne gemeinverständlich, so daß alle im Betrieb und auch im Büro Tätigen, vom vorwärtsstrebenden Facharbeiter bis zum leitenden Ingenieur, Nutzen aus ihnen ziehen können.

Indem die Sammlung so den einzelnen zu fördern sucht, wird sie dem Betrieb als Ganzem nutzen und damit auch der deutschen technischen Arbeit im Wettbewerb der Völker.

Bisher sind erschienen:

Heft 1: Gewindeschneiden. Zweite, vermehrte und verbesserte Auflage. Von Oberingenieur O. M. Müller.

Heft 2: Meßtechnik. Dritte, verbesserte Auflage. (15.—21. Tausend.) Von Professor Dr. techn. M. Kurrein.

Heft 3: Das Anreißen in Maschinenbauwerkstätten. Zweite, völlig neubearbeitete Auflage. (13.—18. Tausend.) Von Ing. Fr. Klautke.

Heft 4: Wechselräderberechnung für Drehbänke. (7.—12. Tausend.) Von Betriebsdirektor G. Knappe.

Heft 5: Das Schleifen der Metalle. Zweite, verbesserte Auflage. Von Dr.-Ing. B. Buxbaum.

Heft 6: Teilkopfarbeiten. (7.—12. Tausend.) Von Dr.-Ing. W. Pockrandt.

Heft 7: Härten und Vergüten. 1. Teil: Stahl und sein Verhalten. Dritte, verbess. u. vermehrte Aufl. (18.—24. Tsd.) Von Dr.-Ing. Eugen Simon.

Heft 8: Härten und Vergüten. 2. Teil: Praxis der Warmbehandlung. Dritte, verbess. u. vermehrte Aufl. (18.—24. Tsd.) Von Dr.-Ing. Eugen Simon.

Heft 9: Rezepte für die Werkstatt. 2. verbess. Aufl. (11.—16. Tsd.) Von Dr. Fritz Spitzer.

Heft 10: Kupolofenbetrieb. 2. verbess. Aufl. Von Gießereidirektor C. Irresberger.

Heft 11: Freiformschmiede. 1. Teil: Technologie des Schmiedens. — Rohstoffe der Schmiede. Von P. H. Schweißguth.

Heft 12: Freiformschmiede. 2. Teil: Einrichtungen und Werkzeuge der Schmiede. Von P. H. Schweißguth.

Heft 13: Die neueren Schweißverfahren. Dritte, verbesserte u. vermehrte Auflage. Von Prof. Dr.-Ing. P. Schimpke.

Heft 14: Modelltischlerei. 1. Teil: Allgemeines. Einfachere Modelle. Von R. Löwer.

Heft 15: Bohren. Von Ing. J. Dinnebier und Dr.-Ing. H. J. Stoewer. 2. Aufl. (8.—14. Tausend).

Heft 16: Reiben und Senken. Von Ing. J. Dinnebier.

Heft 17: Modelltischlerei. 2. Teil: Beispiele von Modellen und Schablonen zum Formen. Von R. Löwer.

Heft 18: Technische Winkelmessungen. Von Prof. Dr. G. Berndt. Zweite, verbesserte Aufl. (5.—9. Tausend.)

Heft 19: Das Gußeisen. Von Ing. Joh. Mehrtens.

Heft 20: Festigkeit und Formänderung. I: Die einfachen Fälle der Festigkeit. Von Dr.-Ing. Kurt Lachmann.

Heft 21: Einrichten von Automaten. 1. Teil: Die Systeme Spencer und Brown & Sharpe. Von Ing. Karl Sachse.

Heft 22: Die Fräser. Von Ing. Paul Zieting.

Heft 23: Einrichten von Automaten. 2. Teil: Die Automaten System Gridley (Einspindel) u. Cleveland u. die Offenbacher Automaten. Von Ph. Kelle, E. Gothe, A. Kreil.

Heft 24: Stahl- und Temperguß. Von Prof. Dr. techn. Erdmann Kothny.

Heft 25: Die Ziehtechnik in der Blechbearbeitung. Von Dr.-Ing. Walter Sellin.

Heft 26: Räumen. Von Ing. Leonhard Knoll.

Heft 27: Einrichten von Automaten. 3. Teil: Die Mehrspindel-Automaten. Von E. Gothe, Ph. Kelle, A. Kreil.

Heft 28: Das Löten. Von Dr. W. Burstyn.

Heft 29: Kugel- und Rollenlager (Wälzlager). Von Hans Behr.

Heft 30: Gesunder Guß. Von Prof. Dr. techn. Erdmann Kothny.

Heft 31: Gesenkschmiede. 1. Teil: Arbeitsweise und Konstruktion der Gesenke. Von Ph. Schweißguth.

Heft 32: Die Brennstoffe. Von Prof. Dr. techn. Erdmann Kothny.

Heft 33: Der Vorrichtungsbau. I: Einteilung, Einzelheiten u. konstruktive Grundsätze. Von Fritz Grünhagen.

Heft 34: Werkstoffprüfung (Metalle). Von Prof. Dr.-Ing. P. Riebensahm und Dr.-Ing. L. Traeger

Fortsetzung des Verzeichnisses der bisher erschienenen sowie Aufstellung der in Vorbereitung befindlichen Hefte siehe 3. Umschlagseite.

Jedes Heft 48—64 Seiten stark, mit zahlreichen Textabbildungen.

WERKSTATTBÜCHER
FÜR BETRIEBSBEAMTE, KONSTRUKTEURE UND FACH-
ARBEITER. HERAUSGEGEBEN VON DR.-ING. EUGEN SIMON
=========== HEFT 50 ===========

Die Werkzeugstähle

Chemische Zusammensetzung, Warmbehandlung
und Anwendungsgebiete der handelsüblichen
Werkzeugstähle

Von

Hugo Herbers
Ingenieur-Chemiker

Mit zahlreichen Tabellen

Springer-Verlag Berlin Heidelberg GmbH
1933

ISBN 978-3-7091-3106-0   ISBN 978-3-7091-3111-4 (eBook)
DOI 10.1007/978-3-7091-3111-4

Inhaltsverzeichnis.

Seite

Vorwort 3

I. Einteilung der Stähle 4
   A. Einteilung nach der chemischen Zusammensetzung S. 4. — B. Einteilung nach der Härtung S. 4. — C. Einteilung nach dem Verwendungszweck S. 4.

II. Die Behandlung der Werkzeugstähle 5
   A. Allgemeines S. 5. — B. Schmieden S. 5. — C. Weichglühen S. 6. — D. Härten S. 6. — E. Anlassen S. 7. — F. Vergüten S. 7. — G. Schleifen S. 7. — H. Glüh- und Anlaßfarben S. 7.

III. Die Hauptgruppen der Werkzeugstähle. Charakteristische Eigenschaften und grundsätzliches Verhalten 8
   A. Unlegierte (Kohlenstoff-) Stähle S. 8. — B. Manganstähle S. 8. — C. Wolframstähle. S 9. — D. Chromstähle S. 9. — E. Chromnickelstähle S. 10. — F. Schnell(dreh)stähle S. 10. — G. Gezogene Stähle S. 13. — H. Verbundstähle S. 14. — J. Damaszenerstahl S. 14. — K. Zementstahl S. 14.

IV. Die einzelnen Stähle. Ihre Zusammensetzung, Verwendung und Besonderheiten 14
   A. Schnell(dreh)stähle S. 14. — B. Riffelstähle S. 14. — C. Warmbeständige (Warmpreßmatrizen-) Stähle S. 18. — D. Hochleistungs-Dauerstähle S. 18. — E. Niedrig wolframlegierte Werkzeugstähle S. 19. — F. Schnitt- und maßbeständige Gewindeschneidestähle S. 20. — G. Legierte Kugel- und Kugellagerstähle S. 21. — H. Legierte Feilenstähle S. 22. — J. Rostfreie Stähle S. 22. — K. Dauer-Magnetstähle S. 24. — L. Chromnickel-, Werkzeug- und Vergütungsstähle S. 26. — M. Manganstähle S. 28. — N. Federstähle S. 29. — O. Legierter Rasiermesser- und Stanzenstahl S. 31. — P. Kohlenstoffstähle S. 31. — Q. SM-Werkzeug- und SM-Maschinenstähle S. 32. — R. Gußlegierungen S. 34.

V. Auswahl der Stähle 34
   A. Allgemeines S. 34. — B. Auswahl für Warmpreßmatrizen und -gesenke, Spritzgußgesenke S. 35. — C. Auswahl für Warmprofilgesenke und Schmiedesättel S. 37. — D. Auswahl für Warmdorne, -ziehringe, Walzstopfen S. 39. — E. Auswahl für Warmschermesser, -schnitte und -lochwerkzeuge S. 41. — F. Auswahl für Kaltpreß- und Kaltschlagmatrizen, Stanzen S. 43. — G. Auswahl für Kaltziehmatrizen, -eisen, -stempel, -ringe S. 45. — H. Auswahl für Kaltschermesser, -schnitte und -lochwerkzeuge, Kreis- und Rollschermesser S. 47. — J. Auswahl für Kalt- und Warmsägen für Holzsägen S. 48. — K. Auswahl für Gewinde-, Bohr- und Fräswerkzeuge, Reibahlen, Räumnadeln S. 49. — L. Auswahl für Fräser, Messer, Bohrwerkzeuge für Holzbearbeitung S. 51. — M. Auswahl für Feilen und Raspen S. 53. — N. Auswahl für Messer, Scheren, Sicheln, Sensen S. 53. — O. Auswahl für Meßwerkzeuge S. 55. — P. Auswahl für Kugeln und Kugellager S. 57. — Q. Auswahl für Magnete und nach magnetischen Gütewerten S. 57. — R. Auswahl für Federn und mechanische Gütewerte der Federstähle S. 58. — S. Auswahl für Spindeln S. 59.

Zeichen und Abkürzungen.

Fe = Eisen	Cr = Chrom	Ta = Tantal
C = Kohlenstoff	Ni = Nickel	Al = Aluminium
Si = Silizium	V = Vanadium (Vanadin)	Cu = Kupfer
Mn = Mangan	Co = Kobalt	Sn = Zinn
P = Phosphor	Mo = Molybdän	Bo = Bor
S = Schwefel		$\sim$ = etwa
W = Wolfram		h = Stunde

Alle Rechte, insbesondere das der Übersetzung in fremde Sprachen, vorbehalten.

Vorwort.

Die fortschreitende Technik stellt unter Streben nach Verbilligung und Verbesserung immer höhere Anforderungen an Werkstoffe und Werkzeuge, was sich einerseits in Vervollkommnung der Stahllegierung, andererseits in Verbesserung der Warmbehandlung auswirkt.

Da sich im Laufe der Jahre eine stattliche Anzahl Stähle für die verschiedensten Verwendungszwecke eingeführt und bewährt haben, habe ich versucht, dem im scharfen Wettbewerb stehenden Stahlverbraucher und -verarbeiter einen Überblick über die meist verwendeten Werkzeugstähle zu geben.

Zum leichteren Suchen und Finden wurden die Stähle für die einzelnen oder verwandte Fertigungsgebiete, gesondert nach abnehmender Leistungsfähigkeit, geordnet. Das schließt aber durchaus nicht aus, daß hier und da mit denselben Stählen, bei Verarbeitung härterer oder weicherer Werkstoffe bzw. unter anderen Arbeitsbedingungen, gute Ergebnisse erreicht werden, so daß die Gruppierung der Stähle nach abnehmender Leistungsfähigkeit sich ein wenig verschieben kann. Jeder Stahl wurde außerdem gesondert beschrieben (Analyse, Eigenschaften, Warmbehandlung, Verwendung, Besonderheiten).

Die Arbeit ist gemeinverständlich gehalten. Die für das Härten usw. erforderlichen wissenschaftlichen Erkenntnisse (Eisenkohlenstoffdiagramm, Erhitzungs- und Abkühlungskurven, Schliffbilder usw.) sind in Fachbüchern[1] und Fachzeitschriften genügend festgelegt.

Zur Massenanfertigung von Werkzeugen, die das Höchstmaß an Leistungsfähigkeit in sich haben sollen, ist besonders beim Glühen, Härten und Anlassen eine Temperaturüberwachung durch genaue Wärmemeßapparate (Pyrometer, Galvanometer, Thermometer usw.[2]) sowie eine laufende Kontrolle der gehärteten oder vergüteten Werkzeuge (Härteprüfung nach Rockwell-Testor, Brinell, Shore[3] oder mit der Feile; gegebenenfalls Schneidversuche u. dgl.) unerläßlich.

Dem Herausgeber, Herrn Dr.-Ing. Eugen Simon, danke ich für die freundliche Förderung.

---

[1] a) Goerens, P.: Einführung in die Metallographie. b) Oberhoffer, P.: Das techn. Eisen. c) Rapatz, F.: Die Edelstähle. d) Reiser-Rapatz: Das Härten des Stahles. e) Simon, E.: Härten und Vergüten. f) Werkstoff-Handbuch Stahl und Eisen.
[2] Wie [1] a, d, e, f.   [3] Wie [1] f.

I. Einteilung der Stähle.

Unter Edelstählen versteht man im allgemeinen solche Stähle, die aus bestem Rohstoff unter besonderer Sorgfalt in Tiegelöfen, Elektroöfen (Lichtbogen-Hoch- und Niederfrequenzöfen) oder Siemens-Martinöfen bis etwa 20 t Inhalt erschmolzen und mit besonderer Sorgfalt weiter verarbeitet werden. Die Edelstähle werden eingeteilt in Werkzeug- und Baustähle. Zwischen Werkzeug- und Baustählen ist keine sichere Grenze gegeben. Zu den Werkzeugstählen rechnet man verschiedene Baustähle, wie Chromnickel-, Mangan-, Chrommanganstähle u. a. m. Die Werkzeugstähle können nach verschiedenen Gesichtspunkten eingeteilt werden:

A. Einteilung nach der chemischen Zusammensetzung.

Kohlenstoffstähle,
Manganstähle,
Mangansiliziumstähle,
Manganchromstähle,
Chromstähle,
Wolframstähle,
Wolframchromstähle (Schnell[dreh]stähle),
Nickelstähle,
Chromnickelstähle,
Kobalt-Chrom-Kohlenstoff-Wolfram- (Molybdän-) Gußlegierungen (stellitartige Schneidmetalle),
Wolframkarbid-Legierungen ⎫
Tantalkarbid-Legierungen ⎭ (Karbid-Schneidmetalle),
Diamant (reiner Kohlenstoff).

B. Einteilung nach der Härtung.

1. Wasserhärter:	2. Ölhärter:	3. Lufthärter:	4. Nichthärter[1]:
Kohlenstoffstähle, Chromstähle bis ~1,1% C u. bis ~1,2% Cr, bis ~0,5% C u. bis ~16% Cr, Wolframstähle bis ~10% W u. bis ~1% Cr.	Chromstähle über ~1,1% C u. über ~1,2% Cr, Chrommanganstähle, Manganstähle, Mangansiliziumstähle, Chromnickelstähle bis ~3,8% Ni.	Wolframchromstähle (Schnell-[dreh]stähle), Chromstähle: über ~1,5% C u. über ~9% Cr, Chromnickelstähle über ~0,3% C u. über ~4% Ni.	Diamanten, Karbid-Schneidmetalle, stellitartige Gußlegierungen, nichtrostender Guß, austenitische Stähle,

C. Einteilung nach dem Verwendungszweck.

In Gruppen:

1. Stähle für Werkzeuge für spangebende Formung (Bohr-, Dreh-, Fräs-, Gewindeschneidwerkzeuge, Sägen, Feilen, Raspen).
2. Stähle für Werkzeuge für spanlose Formung (Zieh-, Drück-, Preß-, Schlagwerkzeuge).

---

[1] Der Begriff Stahl ist für Nichthärter hier und an anderen Stellen gebraucht im — erweiterten — Sinne von: harter Werkstoff für Werkzeuge und gewisse werkzeugartige Gegenstände.

3. Stähle für schneidende Werkzeuge und werkzeugartige Gegenstände (Sensen, Sicheln, Scheren, Schermesser, Tischmesser, Schnitte).

4. Stähle für Werkzeuge und werkzeugartige Gegenstände, beansprucht auf: Verschleiß (Meßwerkzeuge, Zangen, Schmiedesättel, Kaltwalzen, Gabeln, Kugeln, Kugellager) und wechselnde Belastungen, Federn.

Im einzelnen:

Diamanten (Drehstähle),
Schneidmetalle,
Schnellstähle,
Riffelstähle,
Dauerstähle,
Rost- u. hitzebeständige Stähle,
Einsatz- und Vergütungsstähle,
Maschinenstähle,
Bohrer-, Fräser- u. Gewindeschneidstähle,
Schnitt-, Schermesser- u. Stanzenstähle,

Zieh-, Preß- u. Drückwerkzeugstähle,
Scheren-, Messer-, Sichel-, Sensen-, Gabelstähle,
Feilen- und Raspenstähle,
Kugel- und Kugellagerstähle,
Magnetstähle,
Federstähle,
Sägenstähle,
Warmpreßmatrizenstähle,
Gesenkstähle usw.

II. Die Behandlung der Werkzeugstähle.

A. Allgemeines.

Die Warmbehandlung (Schmieden, Glühen, Härten) richtet sich nach den Erfahrungen in der Praxis sowie nach der chemischen Zusammensetzung des Stahles. Die Öl- und Lufthärterstähle, die mehr oder weniger geringe Wärmeleitfähigkeit haben, dürfen beim Erwärmen, um Spannungsrisse zu vermeiden, nur langsam und durchgreifend angewärmt werden. Kleine sowie weich geglühte Teile sind wärmeunempfindlicher als große oder ungeglühte Teile.

Verstählte Werkzeuge, wie Holzbearbeitungsmaschinenmesser usw., haben nach Stärke und Beanspruchung mehr oder weniger breite und dicke Stahlauflagen, die auf Eisen aufgeschweißt oder schon beim Rohblock angegossen werden. — Die verstählten Werkzeuge werden wegen ihrer großen Zähigkeit und Bruchsicherheit, andererseits auch aus Ersparnisgründen, sehr viel verwendet. Kohlenstoffstähle bis etwa 0,5% C sind ohne Schweißpulver hammerschweißbar. Alle anderen Stähle werden mit bekannten Schweißpulvern oder Schweißloten aufgeschweißt bzw. gelötet.

B. Schmieden.

Die angeführten Schmiedetemperaturen der einzelnen Stähle sind bestens erprobt und für einwandfreie Schmiedung unbedingt einzuhalten. Bei Anwendung zu hoher Schmiedetemperaturen brechen hochlegierte Stähle quer beim Schmieden, unlegierte und niedriglegierte Stähle werden spröde, reißen nach dem Erkalten. — Zu niedrige Schmiedetemperaturen verursachen besonders bei hochlegierten Stählen Spannungen, die leicht zu Rissen führen. Die Größe des Hammers sowie die Stärke der Hammerschläge müssen im richtigen Verhältnis zur Größe des zu schmiedenden Werkzeuges sein. — Alle Luft- bzw. Ölhärterstähle erfordern bis zur Zertrümmerung des Gußgefüges vorsichtige Verschmiedung und mehr oder weniger öfteres Zwischenerwärmen. Nach Zertrümmerung des Gußgefüges sind bei den angegebenen Schmiedetemperaturen schnelle Schläge angebracht. Diese Stähle müssen nach dem Schmieden in trockener Asche oder in Ausgleichgruben langsam erkalten. Größere Schmiedestücke aus Lufthärterstahl sind nach dem Schmieden sofort wieder auf Schmiedehitze zu erwärmen (die vorhandenen Schmiedespannungen, die sich gerne in Form von Rissen auslösen, sind so beseitigt) und dann erst ist unter Asche langsam abzukühlen.

C. Weichglühen.

Um den Stahl bearbeitbar zu machen, Spannungen zu beseitigen und den günstigsten Gefügezustand für eine einwandfreie Härtung und auch Kaltverformung zu erzielen, werden die Stähle bei den angeführten Glühtemperaturen und unter Berücksichtigung der Glühzeiten geglüht. Die Glühzeit ist abhängig von der Dicke des Werkstücks, der Legierung des Stahles und der Ofengröße, -beschaffenheit und -abkühlung. Die Abkühlung muß bis ~ 600° langsam, ~ 10—15°/h, erfolgen. Kleine Stücke werden an der oberen, große Stücke an der unteren Zeitgrenze geglüht. Die Pendelglühung wird besonders angewendet für unlegierte Stähle, niedrig wolframlegierte Stähle, Kugel- und Kugellagerstähle, Wolfram- und Chrommagnetstähle; es wird rasch kugeliger Zementit erzielt.

Pendelglühung I: Pendeln um den Haltepunkt (mittlere Glühtemperatur), etwa 20° nach oben und unten. Verfahren nur für kleine Mengen geeignet.

Pendelglühung II: Stärkeres Pendeln um die Haltepunkte: 1. erhitzen auf 800°, 2. abkühlen bis 680°, 3. wiedererhitzen auf 720÷730° und dann langsam abkühlen. Verfahren für große und kleine Mengen geeignet.

Beim Glühen sind die Stähle vor Entkohlung zu schützen (Glühen in elektrischen Öfen oder Muffelöfen, Einpacken in luftdichte Rohre oder frische Graugußspäne). Zu lange und zu hohe Glühtemperaturen haben (mikroskopisch betrachtet: Netzbildung) Grobkörnigkeit und Härteempfindlichkeit zur Folge. C—u. niedrig W—u. Cr legierte Stähle, die durch Glüh-, Schmiede- oder Härtewarmbehandlungsfehler verdorben (überhitzt) wurden, können durch ~ 5 min Erhitzen kurz oberhalb (~ 10°) der GSE Linie des Eisenkohlenstoffdiagramms, abkühlen an Luft und nachfolgender Weich-Glühung, regeneriert werden.

D. Härten.

Durch das Härten (und Anlassen) erhält das Werkzeug erst seinen eigentlichen Wert. Um die beste Härtung zu erzielen, ist ein Erwärmen auf die angeführten Härtetemperaturen (kleine und dünne Werkzeuge an der unteren, dicke und große an der oberen Grenze) notwendig. In diesem Zustande (der festen Lösung) werden nach Abmessung und Form des Stückes als Abschreckmittel (mit abnehmender Härtewirkung) Wasser, Wasser mit Glyzerin, Seife, Bohröl oder Kalkzusatz, Petroleum, Öl oder Luft angewendet, wobei der harte Gefügebestandteil Hardenit bzw. Martensit entsteht. (Durch Zusatz von Kochsalz, Schwefelsäure, Natronlauge u. a. m. kann die Abschreckwirkung des Wassers gesteigert bzw. die Bildung weicher Flecken auf das praktisch kleinste Maß beschränkt werden.)

Martensit hat ein geringeres spez. Gewicht bzw. größeres Volumen als die Bestandteile, aus denen er entstanden ist. Je höher die Härtetemperatur und je schroffer die Abkühlung, je größer die Volumenzunahme. Für Schneidwerkzeuge von verwickelter Bauart, wie Fräser, Gewindeschneidwerkzeuge usw., die aus Wasserhärterstahl angefertigt sind, hat sich zur Vermeidung der Rißgefahr und des Verzuges ein Abschrecken in Wasser, bis die Rotglut verschwunden ist (der Stahl singt oder zischt nicht mehr), mit sofort anschließender Abkühlung in Öl (kombinierte oder gebrochene Härtung genannt), sehr gut bewährt. Zur Verhütung weicher Stellen wird das Werkzeug oder aber die Härteflüssigkeit (durch Einleiten von Preßluft) bewegt. Wasser ist durch Kühlvorrichtung auf einer Temperatur von 20÷30°, Öl auf einer Temperatur von 30÷50° zu halten. Härteempfindliche Stähle werden zur Vermeidung von Sprüngen und Rissen in heißem Wasser oder heißem Öl abgelöscht. Werkzeuge, die nur örtliche Härtung erfor-

E. Anlassen.

Das Anlassen, ein Wiedererhitzen des gehärteten Werkzeuges in Öl-, Salz-, Bleibädern oder nach Anlaßfarben auf niedrige Temperaturen wird angewendet, um die durch das Abschrecken erzeugte Sprödigkeit zu mildern bzw. die Zähigkeit zu erhöhen sowie um die Spannungen auszugleichen. Mit steigenden Anlaßtemperaturen treten bei Zunahme der Zähigkeit und Dehnung, die auf Kosten der Härte bzw. Festigkeit gehen, tiefgreifende Gefügeumwandlungen ein: Der Hardenit bzw. Martensit wird in Trostit, Osmondit oder Sorbit umgewandelt bei Verringerung des durch Härten vermehrten Volumens. Das Anlassen ist nach Durchwärmung des Werkstückes auf Anlaßtemperatur beendet. Längere Anlaßzeiten[1], besonders nach Anlaßfarben angelassen, wirken wie höhere Anlaßtemperaturen. Meßwerkzeuge und ähnliche Teile können durch Anlassen auf $100 \div 120°$ für 10 und mehr Stunden volumbeständig gemacht werden.

F. Vergüten.

Vergüten ist ein Härten mit anschließendem Anlassen auf höhere Temperaturen, über 400°. Die hohen Anlaßtemperaturen verändern das Gefüge und die physikalischen Eigenschaften in ganz bemerkenswerter Weise, indem die Härte und Festigkeit sinkt, während die Zähigkeit und Dehnung steigt. Die Anlaßdauer[1] richtet sich nach Größe des Werkstückes, der Legierung und der gewünschten Festigkeit. Große Teile werden zur Vermeidung der Rißgefahr beim Härten nur bis $\sim 200°$ abgekühlt und dann sofort angelassen.

G. Schleifen.

Geglühte und weiche Werkzeuge können trocken mit harten Schleifsteinen geschliffen werden. Gehärtete Werkzeuge sind vorsichtig mit reichlicher Wasserkühlung und weichen Schleifsteinen zu schleifen. Übermäßiger Vorschub, zu geringe Kühlung und ungeeignete Schleifsteine verursachen örtliche Überhitzung und netzförmige Schleifrisse (Brandrisse).

H. Glüh- und Anlaßfarben.

Glühfarben:

°C	
$550 \div 600$	= dunkelbraun
$600 \div 630$	= braunrot
$630 \div 680$	= dunkelrot
$680 \div 740$	= dunkelkirschrot
$740 \div 770$	= kirschrot
$770 \div 800$	= hellkirschrot
$800 \div 850$	= hellrot
$850 \div 900$	= dunkelgelbrot
$900 \div 950$	= gelbrot
$950 \div 1000$	= gelb
$1000 \div 1100$	= hellgelb
$1100 \div 1200$	= gelbweiß
$1200 \div 1300$	= weiß.

Anlaßfarben:

°C	
20	= blank
200	= blaßgelb
220	= strohgelb
240	= braun
260	= purpur
280	= violett
290	= dunkelblau
300	= kornblumenblau
320	= hellblau
350	= blaugrau
400	= grau

---

[1] außer bei warmbeständigen und Schnellstählen.

Die Anlaßfarben gelten für unlegierte und niedrig legierte Stähle. Bei Schnellstählen liegen die Anlaßfarben $40 \div 60°$ höher, bei den rostfreien und ähnlich legierten Stählen etwa doppelt so hoch, z. B. blaßgelb statt bei 200° bei 400°.

III. Die Hauptgruppen der Werkzeugstähle. Charakteristische Eigenschaften und grundsätzliches Verhalten.

A. Unlegierte (Kohlenstoff-)Stähle.

Einteilung. Die unlegierten Kohlenstoffstähle werden nach dem Kohlenstoff- und Mangangehalt eingeteilt. Man unterscheidet Edel- und Siemens-Martinstähle. Der Kohlenstoffgehalt der Edelstähle bewegt sich zwischen $0,6 \div 1,5\%$, der Mangangehalt zwischen $0,15 \div 0,4\%$ bei sehr niedrigem Phosphor und Schwefelgehalt.

Bei den gewöhnlichen billigen SM-Werkzeugstählen, die fast nur in sehr großen SM-Öfen (über 40 t) erschmolzen werden und sehr verschiedenartig sein können, bewegt sich der Kohlenstoffgehalt zwischen $0,4 \div 0,9\%$, der Mangangehalt zwischen $0,4 \div 0,8\%$ bei höherem Phosphor- und Schwefelgehalt.

Die Kohlenstoff-Edelstähle härten nur bei sehr dünnen Abmessungen durch. Der Härterand schwankt nach der Abmessung zwischen $1/2 \div 3$ mm bei normalen Härtetemperaturen. Mit besonders gut desoxydiertem Kohlenstoffstahl, oder auch durch einen Zusatz von $0,1 \div 0,25$ V, werden durch Erhöhung der normalen Härtetemperatur bis um 100°, ohne zu überhitzen, Härteschichten von $1 \div 6$ mm erreicht, was für manche Werkzeuge, wie kleine Matrizen, Besteckstanzen usw., von wesentlichem Vorteil ist. Mit steigendem Kohlenstoffgehalt wird die Härte (über etwa 0,9% C tritt keine Härtesteigerung mehr ein), der Karbidgehalt (Fe_3C), der Widerstand gegen Abnutzung erhöht bei gleichzeitiger Steigerung der Sprödigkeit. Die Stähle über 1,20% C werden vorwiegend für Werkzeuge benutzt, die sehr hart sein müssen, aber nicht auf Schlag oder Biegung beansprucht werden.

Die gewöhnlichen SM-Werkzeugstähle sind wegen des höheren Mangangehaltes härteempfindlicher als Edel-Kohlenstoffstähle.

Gefüge der Kohlenstoffstähle. Geschmiedet oder gewalzt bis $\sim 0,85\%$ C: Ferrit und streifiger Perlit, $\sim 0,90\%$ C: nur streifiger Perlit (Eutektikum), über 0,90% C: streifiger Perlit sowie Zementit (Zementitnetzwerk).

Weich geglüht: unabhängig vom C-Gehalt mehr oder weniger gleichmäßig verteilte Zementitkugeln in der Ferrit-Grundmasse.

Gehärtet (vor dem Härten weich geglüht) bis $\sim 1\%$ C: Hardenit bzw. Martensit, über 1% C: Zementitkügelchen in martensitischer Grundmasse.

Gehärtet (vor dem Härten nicht geglüht) bis $\sim 1\%$ C: Hardenit bzw. Martensit, über $\sim 1\%$ C: Martensit und Reste von Zementitnetzwerk (das Sprödigkeit bewirkt).

B. Manganstähle.

Die Manganstähle können folgendermaßen eingeteilt werden:

1. Perlitische Stähle $\sim 0,4 \div 0,8\%$ C, $0,4 \div 0,8\%$ Mn: SM-Maschinen- und SM-Werkzeugstähle.
2. Perlitische Stähle $\sim 0,3 \div 0,8\%$ C, $0,8 \div 2\%$ Mn: Bau- und Federstähle.
3. Perlitische Stähle $\sim 0,7 \div 1,2\%$ C, $0,8 \div 2\%$ Mn: Mn-Werkzeugstähle.
4. Austenitische Stähle $\sim 0,3 \div 1,3\%$ C, $10 \div 14\%$ Mn: Verschleißfeste Stähle.

Mit steigendem Mangangehalt (Stähle $1 \div 3$) steigt die Härte und Festigkeit bei Abnahme der Dehnung und Einschnürung (Kontraktion). Die Streckgrenze der Baustähle (Nr. 2) liegt im gehärteten Zustande ziemlich hoch an der Bruchgrenze.

Die zähen austenitischen Manganstähle Nr. 4 werden geschmiedet oder gegossen verwendet.

Die Mangan-Werkzeugstähle Nr. 3 mit hohem Mangan- und Kohlenstoffgehalt sind beim Härten bei geringstem Verzug sehr maßbeständig. Die Schneidleistungen der Mn-Stähle werden durch Chromzusatz wesentlich verbessert.

Mit steigendem Mangangehalt werden die Wärmeleitfähigkeit verringert, die Glüh- und Härtetemperaturen (Umwandlungspunkte) erniedrigt und das spez. Gewicht erhöht.

Die Manganstähle sind gut schmiedbar.

C. Wolframstähle.

Die Wolframstähle sind durch charakteristische dunkelrote Schleiffunkenbildung gekennzeichnet, haben im gehärteten Zustande größere Zähigkeit als reine Kohlenstoffstähle, und noch mehr Zähigkeit und geringere Durchhärtung bei gleichem Kohlenstoff- und Chromgehalt als reine Chromstähle. Ferner haben Wolframstähle höhere Schneidleistungen, hohe Warmfestigkeit und sind widerstandsfähig gegen Abnutzung. Das Bruchkorn geglühter Wolframstähle ist dichter und feinkörniger, gehärtet seidenartig feinkörniger als das der Kohlenstoffstähle. Diese Eigenschaft geht auch bei geringer Überhitzung nicht verloren. Bei einer Überhitzung von $\sim 100°$ tritt erst Kornvergröberung ein.

Wolfram macht den Stahl feuerunempfindlicher. Bei hochwertigen Chromnickel-Baustählen beseitigt ein W-Zusatz von $0,8 \div 1,2\%$ die Anlaßsprödigkeit.

Mit zunehmendem Wolframgehalt sinkt die Wärmeleitfähigkeit, während der Kalt- und Warmformänderungswiderstand und das spezifische Gewicht (für jedes % Wolfram um $\sim 0,05$) steigt.

Die magnetischen Eigenschaften sind ausgezeichnet bei einer Legierung von $0,6 \div 0,75\%$ C, $5 \div 6\%$ W, $0 \div 1,2\%$ Cr.

Reine Wolframstähle — auch solche mit geringem Chromgehalt —, die in Öl gehärtet werden müssen, glüht man zweckmäßig $1/2 \div 1$ h bei $620 \div 680°$ mit rascherer Ofenabkühlung als beim Weichglühen. Bei hohen Glühtemperaturen und langen Glühzeiten scheidet sich Wolframkarbid aus (das der Grundmasse Kohlenstoff entzieht), wodurch der Stahl in Öl meist nicht mehr härtbar ist und geringe Härte, Tiefenhärte, Schneidleistungen und magnetische Eigenschaften annimmt.

Chrom wirkt hemmend auf die Ausscheidung von Wolframkarbid und macht den Stahl glühunempfindlicher.

Gefüge: Bis etwa 8% Wolfram hat das Kleingefüge, je nach dem Kohlenstoffgehalt, große Ähnlichkeit mit Kohlenstoffstählen, ist aber bedeutend feiner. Über 10% Wolfram treten als neue Bestandteile Wolfram-Doppelkarbide mit großer Härte und Verschleißfestigkeit auf.

D. Chromstähle.

Die Chromstähle sind verschleißfest. Niedrig legierte Chrom-Wasserhärterstähle härten sehr tief bei großer Härte und sind verhältnismäßig noch zähe. Die höher chromlegierten Ölhärter-Werkzeugstähle haben größeres Durchhärtungsvermögen und sind bei hoher Härte noch ziemlich zähe. Lufthärtende Chromstähle härten auch bei dicken Abmessungen durch.

Bei geringem Kohlenstoffgehalt, etwa bis 0,1%, und über 12% Chromgehalt, ist der Stahl rostbeständig. Bei höherem Kohlenstoffgehalt muß der Kohlenstoff der Karbide durch Härtung gleichmäßig verteilt sein, anderenfalls ist die Rostbeständigkeit in Frage gestellt. Kobalt und Molybdän erhöhen die Rostbeständigkeit.

Das Bruchkorn niedriglegierter Chromstähle, geglüht sowie gehärtet, ist feinkörnig, das der hochlegierten matt und muschelartig.

Bei den hochkohlenstoffhaltigen Chromstählen ist auch unter größter Sorgfalt beim Gießen die Zeilenstruktur bei größeren Abmessungen nicht restlos zu vermeiden (siehe Anmerkung Stahl 29 S. 21).

Mit zunehmendem Chromgehalt verringert sich das spez. Gewicht, die Wärmeleitfähigkeit sowie die Warm- und Kaltverformbarkeit. Die magnetischen Eigenschaften sind bei einer Legierung von $0,9 \div 1,1\%$ C, $2 \div 3\%$ Cr, am besten.

Gefüge: Niedriglegierte Chromstähle haben große Ähnlichkeit mit reinen Kohlenstoffstählen, sind aber feiner. Hochlegierte haben mehr oder weniger starke Karbidanreicherungen. Chrom drückt den Kohlenstoffgehalt des Perlitpunktes herab. Die Glüh- und Härtetemperaturen werden durch Chrom für jedes % etwa um 10° erhöht.

E. Chromnickelstähle.

Nickel begünstigt bei Bau- bzw. Werkzeugstählen die Zähigkeit, während Chrom das Bruchgefüge verfeinert, die Verschleißfestigkeit erhöht und die Durchhärtung begünstigt. Die Feuerempfindlichkeit wird durch Ni herabgesetzt, indem es die Kornvergröberung verhindert.

Nickel erhöht, Chrom erniedrigt das spezifische Gewicht. Mit steigendem Nickel- und Chromgehalt sinkt die Wärmeleitfähigkeit, die Warm- und Kaltverformbarkeit, während die Warmbeständigkeit und Verschleißfestigkeit steigt.

Wolfram und Molybdän erhöhen die Warmbeständigkeit und Verschleißfestigkeit. Die Anlaßsprödigkeit wird bei Chromnickelstählen durch Wolfram ($\sim 0,8 \div 1,2\%$) beseitigt.

F. Schnell(dreh)stähle.

Allgemeines. Schnellstähle haben im gehärteten Zustande gegenüber Kohlenstoffstählen den großen Vorteil, daß sie Arbeitstemperaturen bis zu 600° ausgesetzt werden können (Anlaßbeständigkeit, Rotgluthärte), ohne die Schneidhaltigkeit zu verlieren, was maßgebend für die Schnittgeschwindigkeit bzw. die Schneidleistung ist. Werden gehärtete Schnellstähle längere Zeit hohen Arbeits- bzw. Anlaßtemperaturen ausgesetzt, so geht die Härte und Schneidhaltigkeit, je nach Höhe an Legierungsbestandteilen, mehr oder weniger schnell zurück. Die Anlaßbeständigkeit steigt mit steigendem Kobalt- und Vanadingehalt. Wird gehärteter Schnellstahl über 600° angelassen, so fällt die Härte und die Schneidfähigkeit schnell ab.

Die Arbeitsleistung eines Schnellstahles ist abhängig von dem Gehalt an W, V, Co, einem bestimmten Cr- und C-Gehalt sowie vom Härten und Anlassen. Wolfram beeinflußt durch Karbidbildung die Grundmasse, macht den Stahl warmbeständig und verschleißfest. Ein Gehalt über 20% hat keinen wesentlichen Vorteil. Vanadin bildet wie. W Karbide, beeinflußt die Grundmasse, erhöht beträchtlich die Anlaßbeständigkeit und Schneidhaltigkeit. Der Gehalt an V ist von den übrigen Legierungselementen abhängig, z. B. liegt die wirtschaftlichste Ausnutzung bei einem Schnellstahl mit $18 \div 20\%$ W bei einem Gehalt an V von $2 \div 2,2\%$, bei einem Stahl mit 14% W bei $2,5 \div 3\%$ V. Kobalt geht in die Grundmasse, wirkt erst bei einem Zusatz über 2%, aber nur bei Anwesenheit von V, in steigendem Maße auf die Anlaßbeständigkeit, Schneidhaltigkeit und Zähigkeit. Chrom unterstützt in hohem Maße die härtebildende Wirkung der Wolfram-Doppelkarbide. Der Chromzusatz bewegt sich zwischen $3,5 \div 6\%$. Über 6% Chromzusatz hat keine Verbesserung, sondern nur Sprödigkeit zur Folge. Molybdän wirkt ähnlich wie Wolfram: 1% Mo ersetzen etwa 2% W. Größerer Mo-

Zusatz macht den Stahl feuerempfindlich. Jede Legierung erfordert einen bestimmten Kohlenstoffgehalt. Zu geringer C-Gehalt hat schlechte Schneidleistungen bzw. schlechte Härtbarkeit zur Folge, zu hoher C-Gehalt wirkt ungünstig auf die Schneidhaltigkeit und Schmiedbarkeit.

Schmieden. Schnellstahl ist ein schlechter Wärmeleiter und erfordert langsame, durchgreifende Anwärmung bis $\sim 800°$. Dann ist schnell und durchgreifend auf Schmiedehitze zu erwärmen. Bis zur Zertrümmerung des Gußgefüges ist geringe Verschmiedung (leichtere Hammerschläge) und öfteres Zwischenwärmen erforderlich. Vorgeschmiedeter Schnellstahl ist bedeutend leichter zu verarbeiten. Der Formänderungswiderstand beträgt etwa das $3 \div 4$ fache eines weichen Stahles. Je höher die Legierung und der C-Gehalt, desto vorsichtiger muß beim Schmieden oder Walzen verfahren werden. Nach dem Schmieden oder Walzen ist der Stahl wegen seiner Neigung zur Lufthärtung unter trockener Asche oder in Ausgleichgruben langsam abzukühlen. Größere Schmiedestücke sind nach dem Schmieden zweckmäßig sofort wieder auf Schmiedehitze zu erwärmen (die Schmiedespannungen, die sich gerne in Form von Rissen auslösen, sind so beseitigt) und dann erst unter Asche langsam abzukühlen.

Abstücken. Warm einkerben (möglichst gegenüberliegend oder allseitig), bei einer Temperatur von $900 \div 1000°$, langsam erkalten lassen und kalt abschlagen.

Glühen. a) Nach dem Schmieden, Walzen, Härten: langsam und gleichmäßig erwärmen auf $780 \div 800°$, $1/2 \div 1$ h auf Glühhitze halten, dann langsam (etwa $10 \div 15°$ je h) abkühlen.

b) Zur Beseitigung von Bearbeitungsspannungen: $1 \div 3$ h bei 600 bis 650°.

c) Nach Kaltformung: 730—760° und langsam erkalten lassen.

Anmerkung. Werkzeuge aus Stählen $4 \div 14$, die infolge verwickelter Bauart und ungeeigneter Härteeinrichtung aus niedrigen Temperaturen, $\sim 1050 \div 1150°$, gehärtet werden, behalten nur dann die Härtefähigkeit, wenn beim Glühen (a und b) keine zu langen Glühzeiten, über ~ 2 h, und hohen Glühtemperaturen, über $\sim 820°$, angewendet wurden.

Härten. Langsam und durchgreifend bis $\sim 800°$ vorwärmen, dann schnell auf Härtetemperatur erhitzen und ablöschen. Wenn keine Ent- oder Aufkohlung, Überhitzung, Anfressen feiner Kanten zu befürchten ist, werden durch Halten auf Härtetemperatur, mit steigendem Durchmesser von $1/4 \div 15$ min, die Karbide gelöst. Hierdurch werden etwaige Glühbehandlungsfehler oder dergleichen aufgehoben, was sich wiederum günstig auf die Schneidleistungen auswirkt. Die richtige Härtetemperatur der einzelnen Stähle ist für die höchste Schneidleistung von größter Wichtigkeit. Bei zu hoher Härtetemperatur wird der Stahl überhitzt und spröde, infolge Neubildung von Ledeburit (Gußgefüge). Bei zu niedriger Härtetemperatur bleiben die Karbide größtenteils ungelöst. In beiden Fällen sind die Schneidleistungen, im Vergleich mit richtiger Härtung, bedeutend geringer. Zum Härten wird erwärmt: 1. In einem rauchlosen Borax-Salzbad (wirtschaftlich im dickwandigen Flußeisentiegel, geheizt durch Gasbrenner. Tiegellebensdauer bei 1300° etwa 50 Brennstunden). Einwandfreie Härtung in bezug auf Ent- und Aufkohlung. Das Borax-Salzbad hat, im Gegensatz zu Bariumchlorid-Salzbad, die nachteilige Eigenschaft, daß die feinen Spitzen und Schneiden an Werkzeugen, wie Metallsägen und dergleichen, aufgelöst werden (durch Versuche festgestellt bei der Firma Hentzen & Co. in Remscheid).

2. Im gas- oder elektrischgeheizten rauchenden Bariumchlorid-Salzbad, dem zur Vermeidung von Entkohlung Borax zugesetzt wird. Nach längerem Gebrauch entkohlt es aber mehr oder weniger doch. Nach etwa 30 h Gebrauch sind diese Bäder, wegen Entkohlungsgefahr, zu erneuern.

3. In elektrischen oder Gasmuffelöfen. Hierbei ist auf gleichmäßige Erwärmung und wegen Zunder- und Entkohlungsgefahr auf geringsten Luftzutritt zu achten.

4. Im Koks oder ausgebrannter Holzkohle. Das setzt große Geschicklichkeit voraus. Da diese Stoffe bei hohen Temperaturen stark aufkohlen, wird nach Erreichung von etwa 1100° weiter in einem offenen Feuer auf die höchstzulässige Härtetemperatur erhitzt oder bei verminderten Schneidleistungen gleich abgekühlt.

5. Im Schmiedefeuer. Vielfach für einfache Werkzeuge, wie Drehmeißel u. dgl. angewendet. Die meist überhitzte Außenschicht (leicht angeschmorte Kanten) wird abgeschliffen.

Ablöschen. Mit abnehmender Abkühlungsgeschwindigkeit, Reißgefahr und Verzug in Petroleum, Öl, Preßluft, ruhender Luft; ferner zwischen Metallbacken oder in einem flüssigen Blei- oder Salzbad von $500 \div 600°$, mit weiterer Abkühlung an ruhender Luft. Das Abschrecken in einem Blei- oder Salzbad gibt bei härteempfindlichen Stählen, z. B. bei größeren Werkzeugteilen, hergestellt aus dem Blockoberteil großer Blöcke oder auch mit perlenschnurartigen Karbiden, bedeutend weniger Härteausschuß als sonstige schroffer wirkende Abschreckmittel.

Anlassen. Anzulassen ist, gleichgültig welch Abschreckmittel angewendet wurde, stets nötig. Größere Teile werden, um Spannungsrisse zu vermeiden, bis $\sim 200°$ abgeschreckt und dann sofort angelassen. Die Anlaßdauer, $1/4$ bis 2 h, $560 \div 580°$, ist abhängig von der Legierung, der Werkzeuggröße sowie von dem Halten auf der Härtetemperatur; sie ist beendet, wenn der Austenit in Martensit umgewandelt ist. Die vorgenannten beeinflussenden Faktoren lassen eine genaue Angabe der Anlaßzeit nicht zu. Im allgemeinen sind kleine oder dünne Werkzeuge kürzer, große Werkzeuge längere Zeit anzulassen. Nach dem Anlassen wird an ruhender Luft langsam abgekühlt, größere Teile in geeignete Abkühlkästen oder mit dem Anlaßofen.

Durch Erwärmen auf die höchstzulässigen Härtetemperaturen werden die Karbide gelöst. Beim Ablöschen bilden sich auch Mengen Austenit, die durch Anlassen kurz unterhalb 600° unter Härtesteigerung und Erhöhung des Verschleißwiderstandes (Schneidhaltigkeit) in Martensit umgewandelt werden.

Ein härtesteigerndes Anlassen tritt nur dann ein, wenn der Stahl aus genügend hohen Temperaturen gehärtet wird. Niedrige Härtetemperaturen (siehe oben) ergeben bedeutend geringere Schneidleistungen und gestatten, um die Härtespannungen zu mildern, nur ein Anlassen bei $220 \div 250°$ (in Öl auskochen). Bei höheren Anlaßtemperaturen, über $300 \div 580°$, wird die Härte und Schneidhaltigkeit niedrig gehärteter Stähle derart vermindert, daß von einem Schnellstahl kaum noch die Rede sein kann.

Zusammenfassung. Härten, Abkühlen, Anlassen zur Erzielung höchster Schneidhaltigkeit:

1. Ent- und aufkohlungsfreies Erwärmen und Halten (je nach dem Querschnitt $1/4 \div 15$ min) auf die höchstzulässige Härtetemperatur,
2. Ablöschen in Petroleum, Öl, Luft, Blei- oder Salzbad,
3. Anlassen, $1/4 \div 2$ h, $560 \div 580°$.

Verstählen mit Schnellstahl. Es wird angewendet bei Holzbearbeitungs- und Sparwerkzeugen, wie Maschinenhobelmesser, Drehstähle, Schermesser u. dgl. Die Schnellstahlteile und die zu verstählenden Eisen- oder Stahlteile werden auf 900° vorgewärmt. Das Schweißmittel (Borax und Feilspäne) und die vorgewärmten Schnellstahlteile werden auf die mit Drahtbürste gereinigte Auflagestellen gelegt, beide Teile auf die höchstzulässige Härtetemperatur erhitzt und unter Pressendruck zusammen angeschweißt. Dabei wird der Schnellstahl zugleich gehärtet. Statt aufgeschweißt können die Schnellstahlteile auch mit Kupfer aufgelötet werden. In beiden Fällen ist auf 560÷580° anzulassen.

G. Gezogene Stähle.

Die schmiedbaren Stähle, die die unterste Warmformgebungsgrenze (durch Walzen usw.) erreicht haben (Durchmesser ∼ unter 5 mm, Bandeisen, Bandstahl ∼ unter 1 mm Stärke, Rohre ∼ unter 2,5 mm Wandstärke), aber nur in dünneren Abmessungen verarbeitet werden können, sowie Stähle bis zu starken Abmessungen, die glatte, saubere Oberflächen, genaue Maßhaltigkeit oder bestimmte physikalische Eigenschaften haben müssen, werden durch Profile, wie ○, △, □, 6-, 8kantig, oval, flach und sonstige Sonderprofile, gezogen oder kaltgewalzt (kaltverformt).

Unlegierte, niedriggekohlte Stähle, bis etwa 75 kg Festigkeit, werden in naturhartem Zustande kaltverformt; höhergekohlte und legierte Stähle werden vor der Kaltverformung weich geglüht. Die höherlegierten Stähle setzen der Kaltverformung großen Widerstand entgegen bei starker Verfestigung. Diese Stähle werden, um eine glatte saubere Oberfläche zu erzielen, mehrmals gezogen bzw. kaltverformt. Nach jeder Kaltverformung ist eine Zwischenglühung zur Beseitigung der Kaltformgebungshärte erforderlich. — Mit steigender Kaltverformung steigen Härte, Bruchfestigkeit und Streckgrenze, während Dehnung, Einschnürung und Kerbzähigkeit abnehmen. Der Elastizitätsmodul wird praktisch nicht beeinflußt.

Jeder schmiedbare Stahl kann bis zu einem bestimmten %satz kaltverformt werden. Durch einmalige, zu weit getriebene Kaltverformung (Überziehen) werden bei ○, □, 6-, 8kantigen und ähnlichen Querschnitten leicht ∽-förmige Innenrisse bzw. Hohlräume, bei ▭ und ähnlichen Querschnitten, Kantenrisse hervorgerufen.

Bei Flußeisen, Automatenstählen u. dgl. mit einem C-Gehalt bis ∼ 0,2% und einer naturharten Festigkeit bis ∼ 55 kg, liegt die kritische Kaltverformung zwischen 5 und 20%. Die kritische Kaltverformung wirkt kornvergröbernd und erhöht die Sprödigkeit. Diese nachteiligen Eigenschaften können durch Normalglühen (Erhitzen kurz oberhalb der GSE-Linie des Eisenkohlenstoffdiagramms und Abkühlen an Luft) beseitigt werden.

Die kaltverformten gewöhnlichen SM-Stähle und die Automatenstähle werden je nach dem C-Gehalt und der Festigkeit für Drähte, Seildrähte, Holzsägenbandstahl, Formteile, Schrauben, Muttern, Bolzen, Wellen, Bandeisen, Bandstahl, Zündkerzen, Nähmaschinen-, Fahrrad-, Waagenteile, naturharte Federn, Keile, Kettenlaschen u. dgl. verwendet, die unlegierten Edelstähle für Feilen, Nadeln, Uhrfedern, Schreibfedern, Rasierklingen, Spiralbohrer, Holzbandsägen, Klaviersaiten u. dgl.

Die niedrig wolfram- und chromlegierten Stähle (Silberstahl[1]) werden für Kugeln, Kugellager, Rasierklingen, Metallsägen, Spiralbohrer, Gewindebohrer, Kluppenbacken, Feilen (Uhrmacher- und Nadelfeilen) u. dgl. verwendet.

Die Verwendung der kaltverformten Schnelldreh-, rostfreien, Chromnickel- und sonstigen höherlegierten Stähle, ist jeweilig bei den betreffenden Stählen angeführt.

Alle kaltverformten Stähle müssen frei von Randentkohlung (Weichhaut) sein. Die Randentkohlung ist einwandfrei am geätzten Schliff feststellbar. Kohlenstoff- und niedriglegierte Wolfram- und Chromstähle, die gehärtet glasharte Oberflächen haben müssen, werden auf einfache Weise auf Randentkohlung

---

[1] Silberstahlausführung: Genaue Maßhaltigkeit, polierte Oberfläche, frei von Randentkohlung.

(außer durch Anfeilen) durch Ritzen einer Glasscheibe unter einem Winkel von $\sim 45°$ geprüft: entkohlte Stähle ritzen Glas nicht.

H. Verbundstähle

werden für Werkzeuge und Gegenstände verwendet, die bei schwachen Abmessungen oder großen Längen bzw. Breiten, wegen hoher Leistungsfähigkeit besonders zähe sein müssen, z. B. Bezugfeilen (Schienenfeilen), Pflugschare, Maschinenmesser u. dgl.

Diese Stähle haben je nach dem Verwendungszweck einen mehr oder weniger großen Eisenkern, der eingegossen oder eingewalzt wird. Die Außenschicht (Arbeitsfläche) besteht aus legiertem oder unlegiertem härtbaren Stahl.

J. Damaszenerstahl

wird fast nur wegen seines eigenartig marmorierten schönen Aussehens für Brieföffner u. dgl. verwendet und z. B. folgendermaßen hergestellt: Stahl mit etwa 1,2% C wird in Tiegeln geschmolzen, langsam abgekühlt und weiter verarbeitet (schmieden, härten) bei einer Temperatur unter 800°. Hierdurch bleiben die großen Eisenkarbidnetze größtenteils bestehen, die nach Ätzung mit Säuren an polierten Gegenständen das gewünschte Aussehen geben.

K. Zementstahl

wird wie folgt hergestellt: Kohlenstoffarme, niedrig P- und S-haltige Holzkohlenschienen (etwa 80×20 mm ▢) werden in Holzkohle verpackt, mehrere Tage bei 1000—1050° geglüht, wodurch das Eisen aufgekohlt (zementiert) und die Eisenoxyde reduziert werden. Dieses aufgekohlte Eisen wird in Tiegeln umgeschmolzen, dann weiter wie üblich verarbeitet.

Der Zementstahl hat sich wegen des teuren Herstellungsverfahrens in der Hauptsache für Rasiermesser (Analyse wie Stahl 79 S. 31), Tafelmesser, Tischmesser, Uhrfedern (Analyse wie Stahl 82÷85 S. 31) sowie für kleine Kalt-, Präge-, Nadel-, Warmmatrizen (0,9% C, 0,4÷0,7% W) behauptet.

Zementstahl ist wärmeunempfindlicher als andere Kohlenstoffstähle und hat die Eigenschaft, daß, sofern im Vakuum geglüht wird, der Rand nicht entkohlt.

IV. Die einzelnen Stähle. Ihre Zusammensetzung, Verwendung und Besonderheiten.

A. **Schnell(dreh)stähle** (s. die Tafel auf der nächsten Seite).

Stahl 1: Diamant (reiner Kohlenstoff, ziemlich spröde, von unübertroffener Härte und Schneidhaltigkeit.

Verwendung: Drehstahlschneiden, Gruben- und Gesteinsbohrkronen, Tasterflächen und Tasterspitzen an Meßwerkzeugen u. dgl.

Anmerkung: Diamanten gestatten bei einwandfreier Fassung und schwingungsfreier Befestigung Schnittgeschwindigkeiten von 200÷1000 m, bei einem Vorschub von 0,01÷0,1 mm und Schnittiefen bis 1,5 mm. Der Freiwinkel soll möglichst 5÷10°, der Keilwinkel $\sim 80°$ und der Spanwinkel annähernd 0° betragen. Hochglanzpolierte Drehflächen werden durch sehr feinen Vorschub erzielt.

Stahl 2: Wolfram- und Tantal-Karbidschneidmetalle (a: ähnlich Widia, b: ähnlich Ramet), gesintert, nicht schmiedbar, ziemlich spröde, von sehr geringer Wärmeleitfähigkeit, sehr großer Wärmefestigkeit[1] und -beständigkeit[2] und Verschleißfestigkeit (bei Rotglut) sowie sehr hoher Schneidhaltigkeit.

---

[1] Die Festigkeit bzw. Härte bei hohen Arbeitstemperaturen.
[2] Die Beständigkeit gegen Erweichen bei hohen Arbeitstemperaturen.

Schnell(dreh)stähle.

Schnell(dreh)stähle: Analyse und Warmbehandlung.

Stahl Nr.	C %	W %	Cr %	V %	Co %	Mo %	Ni %	Ta %	Schmieden °	Glühen °	Glühen h	kg Festigk.	Härten °	Ablöschen	Anlassen °	Anlassen h	Verwendung
1	100	—	—	—	—	—	—	—	—	—	—	—	—		—	—	Drehstahl-Schneidspitzen
2a	÷6	÷96	—	—	÷6	—	÷6	÷96	—	—	—	—	—		—	—	Schneidflächen an Dreh-, Fräs-, Bohr-, Gewindeschneidwerkzeugen, Kalt- und Warmsägen
2b	÷6	—	—	—	30÷50	—	—	2÷10 Fe	—	—	—	—	—		—	—	
3	2÷6	10÷20	20÷30	—	—	0÷10	0÷15	—	—	—	—	—	—	Petroleum, Öl, Preßluft, ruhende Luft, zwischen Metallbacken oder Blei- bzw. Salzbad von 500÷600°	—	—	
4	0,60÷0,75	18÷20	4,0÷5,0	1,3÷1,5	—	0÷1,0	—	—	1200÷1000	780÷800	1/2÷1	80÷95	1300÷1350		560÷580	1/2÷2	Dreh-, Hobel-, Stoß-, Bohrmesser. Messerköpfe. Automatenwerkzeuge. Metallsägeblätter. Auswechselbare Kalt- und Warmsägezähne. Fräser. Bohrer. Senker. Reibahlen. Gewindeschneidwerkzeuge u. dgl.
5	0,60÷0,75	18÷20	4,0÷5,0	1,2÷1,5	~10	0÷1,0	—	—	1200÷1000	780÷800	1/2÷1	80÷90	1300÷1330		560÷580	1/2÷1	
6	0,60÷0,75	18÷20	4,0÷5,0	1,2÷1,5	4,5÷5,2	0÷1,0	—	—	1200÷1000	780÷800	1/2	80÷90	1280÷1320		560÷580	1/2÷1	
7	0,65÷0,80	18÷20	4,0÷5,0	1,5÷2,0	2,5÷3,2	0÷1,0	—	—	1200÷1000	780÷800	1/2÷1	80÷90	1260÷1300		560÷580	1/2÷1	
8	0,75÷0,90	18÷20	4÷6	2÷2,3	—	0÷1,0	—	—	1150÷900	780÷800	1/2÷1	80÷90	1260÷1300		560÷580	1/2÷1	
9	0,75÷0,90	12÷14	4÷6	2,2÷2,7	—	0÷1,0	—	—	1100÷900	780÷800	1/2÷1	80÷90	1260÷1300		560÷580	1/2÷1	
10	0,75÷0,85	18÷22	4÷6	1,5÷1,8	—	0÷0,6	—	—	1100÷900	780÷800	1/2÷1	80÷90	1230÷1280		560÷580	1/4÷3/4	
11	0,70÷0,85	18÷22,5	4÷5	1,0÷1,5	—	—	—	—	1150÷900	780÷800	1/2÷1	80÷90	1230÷1280		560÷580	1/4÷3/4	Feilenhauermeißel. Räumnadeln.
12	0,70÷0,85	18÷20	4÷5	0,6÷1,0	—	0÷0,6	—	—	1150÷900	780÷800	1/2÷1	80÷90	1230÷1280		560÷580	1/4÷3/4	
13	0,60÷0,75	16÷19	3,5÷5,0	0,2÷0,6	—	0÷0,6	—	—	1150÷900	780÷800	1/2÷1	80÷90	1230÷1280		560÷580	1/4÷3/4	Warmsägen, -schnitte, -schermesser, -ziehdorne, -lochdorne, Holzbearbeitungs-Maschinenwerkzeuge u. dgl.
14	0,55÷0,75	11÷14	3,5÷4,5	0÷0,7	—	0÷2	—	—	1100÷900	780÷800	1/2÷1	80÷90	1200÷1260		560÷580	1/4÷3/4	

Abnehmende Schneidhaltigkeit → Abnehmende Schneidhaltigkeit und Anlaßbeständigkeit →

Verwendung: Wegen der Sprödigkeit sowie aus Ersparnisgründen werden Karbidschneidmetalle meist als aufgelötete Plättchen und dergleichen auf Sparwerkzeugen zum Bearbeiten von harten und zähen Werkstoffen, wie Manganhartstahl, sehr harten Chromnickelstählen, Grauguß (auch mit Gußhaut), Stahlguß, Hartguß, Bandagen, Bronze, Glas, Porzellan, Hartgummi, Stabilit, Ebonit, Marmor u. dgl. bei verhältnismäßig hohen Schnittgeschwindigkeiten verwendet. Die Karbidschneidmetalle werden in zunehmendem Maße für alle Arten von Werkzeugen verwendet, wie Schneidstähle, besonders Drehstähle, Fräser, Bohrer, Senker, Messerköpfe, Kalt- und Warmsägen, Schrämpicken, Drahtzieheisen, Ziehmatrizen, Automatenwerkzeuge, Ventikelkegel, Riffeldrehwerkzeuge, Warmziehringe höchster Leistungsfähigkeit u. dgl.

Anmerkung: Karbidschneidmetalle bedürfen anderer Schneidwinkel und Schneidformen wie Werkzeuge aus Stahl. Die Schneidleistungen, bei Ausnutzung der Schnittgeschwindigkeiten, betragen $\sim$ das $2 \div 5$fache eines guten Schnellstahles. Für das Schleifen sind besondere sehr harte Schleifsteine erforderlich. Die Karbidschneidmetalle nehmen beim Erkalten auch nach sehr langem Warmgebrauch, im Gegensatz zu Schnellstählen, ihre ursprüngliche Härte wieder an. Die Härte und Verschleißfestigkeit wird nur vom Diamanten übertroffen.

Die Zähigkeit des Stahles 2a wird durch Ta- und Ti-Karbid-Zusatz wesentlich erhöht unter Verwendung von Ni und Co als Bindemittel[1]. Das während der Drucklegung des Heftes auf den Markt erschienene neue Schneidmetall „Titanit" ist eine Mo-Ti-Karbidlegierung, die oxydations- und hitzebeständiger ist als W-Karbidschneidmetall[2].

Stahl 3: Cr-Co-W- (Mo-Ni-) haltiges, stellitartiges Schneidmetall vorstehender Zusammensetzung, ziemlich spröde Gußlegierung, nicht schmiedbar, von sehr geringer Wärmeleitfähigkeit, sehr großer Warmfestigkeit, -beständigkeit und Verschleißfestigkeit bei Rotglut sowie hoher Schneidhaltigkeit.

Verwendung: Wegen der Sprödigkeit sowie aus Ersparnisgründen werden Stellite meist als aufgeschweißte oder hart gelötete Plättchen auf Sparwerkzeugen für Drehstähle zum Überdrehen glatter normaler Werkstoffe bis zu 120 kg Festigkeit, bei Anwendung hoher Schnittgeschwindigkeiten, aber kleinen bis mittleren Vorschüben, verwendet. Ferner für Kaltziehmatrizen, Warmziehringe, Ventilkegel, Schrämpicken, Führungsschienen für spitzenlose Schleifmaschinen; durch Auftropfenlassen mittelst Schweißbrenner, oder aber ganze Metallüberzüge auf Arbeitsflächen, die sehr starkem Verschleiß unterworfen sind, wie Hammerbahnen, Kalt- und Warmschermesser, Abgrat- und Warmgesenke, Gesteinsbohrer, Spindelspitzen, Drehbankkörner, Tastflächen und Tastspitzen an Meßwerkzeugen u. dgl.

Anmerkung: Sehr harte Werkstoffe sind mit Stelliten nicht bearbeitbar. Die Schneidleistungen sind gegenüber Schnellstählen, bei Ausnutzung der Schnittgeschwindigkeiten im Mittel $\sim$ doppelt so hoch. Beim Erkalten nehmen Stellite auch nach sehr langem Warmgebrauch von selbst die ursprüngliche Härte wieder an.

Stahl 4: 20%iger Kobaltschnellstahl (Spitzen-Kobaltschnellstahl) höchster Schneidhaltigkeit und Anlaßbeständigkeit.

Verwendung von Stahl $4 \div 9$: Dreh-, Hobel- und Stoßwerkzeuge aller Art, Messerköpfe, Automatenwerkzeuge, Metallsägeblätter, auswechselbare Kalt- und Warmsägezähne, Bohrer, Fräser, Senker, Reibahlen, Gewindeschneidwerkzeuge, Drahtstiftenmesser u. dgl.

Stahl 5: 10%iger Kobaltschnellstahl von sehr hoher Schneidhaltigkeit und Anlaßbeständigkeit.

---

[1] Verein Deutscher Ingenieure 1933 H. 8 S. 192.   [2] Werkst.-Technik 1933 H. 5 S. 106.

Stahl 6: 5%iger Kobaltschnellstahl von hoher Schneidhaltigkeit und Anlaßbeständigkeit.

Stahl 7: 3%iger Kobaltschnellstahl von guter Schneidhaltigkeit und Anlaßbeständigkeit.

Stahl 8: Hoch W- und hoch V-haltiger Schnellstahl (Spitzen-Wolframvanadinschnellstahl) vorstehender Zusammensetzung von hoher Schneidhaltigkeit und Anlaßbeständigkeit.

Stahl 9: Niedrig W- und hoch V-haltiger Schnellstahl (Spitzen-Vanadinschnellstahl) vorstehender Zusammensetzung, von hoher Schneidhaltigkeit und Anlaßbeständigkeit.

Stahl 10÷12: Schnellstähle vorstehender Zusammensetzungen, schneidhaltig und anlaßbeständig.

Verwendung: Wie Stahl 4÷9, im besonderen für die Massenanfertigung von Bohrern, Fräsern, Gewindeschneidwerkzeugen, ferner für Räumnadeln, Feilenhauermeißel u. dgl.

Stahl 13 und 14: Schnellstähle vorstehender Zusammensetzungen, weniger schneidhaltig und anlaßbeständig als Stähle 10÷12.

Verwendung: Wie Stahl 4÷12, ferner für Warmsägen, -schermesser, -schnitte, -ziehdorne, -lochdorne, Holzbearbeitungsmaschinenwerkzeuge u. dgl. Stähl 14 außerdem für kleine Rollschermesser.

Anmerkung: Die weniger im Handel befindlichen Chromkobaltschnellstähle mit $\sim$ 1,5% C, $\sim$ 12% Cr, 3÷5% Co, sind nicht warmbeständig. Diese Stähle haben ganz gute Schneidleistungen (Bohrer, Fräser und ähnliche Werkzeuge), aber nur bei reichlicher Kühlung.

B. Riffelstähle.

Analyse und Warmbehandlung.

Stahl Nr.	C %	Si %	Mn %	W %	Cr %	V %	Schmieden °	Glühen °	Glühen h	kg Festigkeit	Härten °	Ablöschen	
15	1,3÷1,5	0,15÷0,4	0,15÷0,4	7÷8	0,3÷0,6	0÷0,5	950÷850	700÷720	$^1/_2$÷3	70÷85	780÷800	Wasser	Abnehmende Schneidhaltigkeit
16	1,1÷1,4	0,15÷0,4	0,15÷0,4	6÷7	0,3÷1,0	—	950÷800	700÷720	$^1/_2$÷3	70÷85	780÷800		
17	1,1÷1,4	0,15÷0,3	0,15÷0,35	4,2÷5,2	0,3÷0,6	—	950÷800	700÷720	$^1/_2$÷3	70÷85	780÷800		

Stahl 15÷17: Sehr harte Riffelstähle (wolframlegierte Diamantstähle, Wasserhärter) vorstehender Zusammensetzungen, verschleißfest, schneidhaltig, nicht warmbeständig.

Verwendung: Riffel-, Bohr-, Fräs- und Hobelmesser, Fräser, Bohrer, Reibahlen, Gewindeschneidwerkzeuge, zur Bearbeitung sehr harter Werkstoffe, wie Müllerei-, Hartguß-, Papierwalzen, Galalith, Horn, Hartgummi, Steinnuß, Glas, Perlmutter, Marmor u. dgl. bei Anwendung mäßiger Schnittgeschwindigkeiten, Ziehwerkzeuge, Drückwerkzeuge, Stichel, Stempel, Stanzen, Glashackmesser, Glasschneiderädchen, Holzbearbeitungsmaschinenwerkzeuge u. dgl.

Glühen: Wenn die Werkzeugform es zuläßt, werden diese Stähle am besten ungeglüht durch Schleifen bearbeitet. Ist eine Glühung infolge notwendiger Bearbeitbarkeit erforderlich, so wähle man die Glühtemperatur so niedrig wie möglich bei kürzesten Glühzeiten. Hohe Glühtemperaturen und lange Glühzeiten

18 Die einzelnen Stähle. Ihre Zusammensetzung, Verwendung und Besonderheit.

scheiden (bei allen wolframlegierten Stählen) Wolframkarbid aus (das Wolframkarbid entzieht der Grundmasse Kohlenstoff), wodurch die Stähle in Öl meist nicht mehr härtbar sind und geringe Härte, Tiefenhärte und Schneidleistungen, auch bei Wasserhärtung, annehmen.

Härten: Vorsichtig anwärmen. Abgenutzte Zieheisen schrumpfen beim Nachhärten auf das ursprüngliche Maß zurück. Holzbearbeitungswerkzeuge werden 800÷850° in Öl gehärtet und 280÷350° angelassen.

Anmerkung: Die Stähle sind nicht warmbeständig, infolgedessen darf die Schneide beim Arbeiten keinen hohen Arbeitstemperaturen (über 200°) ausgesetzt werden, weil sonst die Härte und Schneidfähigkeit rasch sinkt.

C. Warmbeständige (Warmpreßmatrizen-)Stähle.
Analyse und Warmbehandlung:

Stahl Nr	C %	Si %	Mn %	W %	Cr %	V %	Co %	Schmieden °	Glühen °	h	kg Festigkeit	Härten °	Ablöschen	Anlassen °	h	
18	0,25÷0,35	0,2÷0,8	0,2÷0,4	8÷10	2÷3	0,3÷0,5	2,5÷3,5	1050÷850	770÷820	1÷3	75÷90	1080÷1120	Öl oder Luft	550÷600	½÷6	Abnehmende Warmbeständigkeit
19	0,25÷0,35	0,2÷0,8	0,2÷0,4	10÷11	2÷3	—	Ni 1,5÷2,5	1050÷850	760÷800	1÷3	75÷90	1080÷1120	Öl oder Luft	550÷600	½÷6	
20	0,25÷0,35	0,2÷0,8	0,2÷0,4	8÷10	2÷3	0,5÷1,0	—	1050÷850	760÷800	1÷3	75÷90	1050÷1100	Öl	550÷600	½÷6	

Stahl 18÷20: W-Cr-(V-Ni-Co-)haltige Ölhärterstähle vorstehender Zusammensetzungen von sehr hohen Warmfestigkeiten, -beständigkeiten und -zähigkeiten bei Arbeitstemperaturen bis ~600°, unempfindlich gegen Kühlwasser, -öl und -preßluft.

Verwendung: Vergütet auf 130÷170 kg Festigkeit für Höchstleistungs-Warmpreßmatrizen (Schlag- und Preßbacken) für die Großerzeugung von Schrauben, Muttern, Nieten, Bolzen u. dgl., Warmpreßgesenke für Metallegierungen, Warmschermesser, -schnitte, -lochdorne, -ziehdorne, -ziehringe, -preßdorne, Spritzgußgesenke, Kopfstempel, Auswerfdorne, Auslaßventile, Mundringeinsätze, Backen für die elektrische Schweißung u. dgl.

Anmerkung: Diese Stähle werden nur bei Anwendung hoher Härte- und Anlaßtemperaturen voll ausgenutzt. Der Härtevorgang ist fast der gleiche wie der bei Schnellstählen. Durch Anlassen — das Abschreckmittel (Öl oder ruhende Luft) ist gleichgültig — bei 550÷600° wird Härtesteigerung und Erhöhung des Verschleißwiderstandes hervorgerufen. — Anwärmung vor Gebrauch erhöht die Lebensdauer. Das Ablöschen großer Teile an ruhender Luft ist mit starker Zunderbildung verbunden. Dieser Nachteil kann durch Auflegen von luftschützenden Mitteln, wie Salze, Holzkohle u. dgl. behoben werden. Werkzeugteile, die auf niedrige Festigkeiten, unter ~130 kg, vergütet werden sollen, werden bei niedrigen Temperaturen, bis ~950°, gehärtet, bis 600° angelassen oder aber vorteilhafter hoch gehärtet und über 600÷700° angelassen.

D. Hochleistungs-Dauerstähle
(s. die Tabelle auf der nächsten Seite).

Stahl 21÷23: W-Cr-(Si-V-)haltige Ölwasserhärter-Dauerstähle nachstehender Zusammensetzungen, hart und zäh, gut warmbeständig, widerstandsfähig gegen dauernde wechselnde Stoß- und Schlagbeanspruchung.

Verwendung von Stahl 21 und 22: Kaltarbeit: Lochstempel für stärkste

Niedrig wolframlegierte Werkzeugstähle.

Dauerstähle: Analyse und Warmbehandlung.

Stahl Nr.	C %	Si %	Mn %	W %	Cr %	V %	Schmieden °	Glühen °	Glühen h	Glühen kg Festigkeit	Härten °	Ablöschen	Anlassen °	
21	0,47÷0,55	0,4÷0,8	0,3÷0,5	2,3÷2,7	1,2÷1,5	0,2÷0,5	1050÷850	720÷750	2÷5	70÷85	820÷880	Öl	220÷320	Abnehmende Schneidhaltigkeit / Zunehmende Zähigkeit
22	0,47÷0,55	0,6÷1,0	0,3÷0,5	1,8÷2,5	1÷1,3	—	1050÷850	700÷730	2÷5	70÷85	820÷850	Öl	220÷320	
23 a	0,35÷0,4	0,8÷1,0	0,3÷0,5	1,8÷2,5	1÷1,3	—	1050÷850	700÷730	2÷5	70÷85	840÷880 / 800÷860	Öl oder Wasser	220÷320 / 220÷320	
23 b	0,27÷0,35	0,6÷0,8	0,3÷0,5	1,8÷2,5	1÷1,3	—	1050÷850	700÷730	2÷5	70÷85	820÷900	Wasser	220÷320	

Dauerbeanspruchung, Nietwerkzeuge, Hämmer, Meißel für Hand und Preßluftbetrieb, Schermesser, Schnitte, Durchschläge, Druckschrauben, Schrämpicken, Kaltpreßmatrizen, Markierstempel, Laufzapfen, Gleit-, Hub- und Druckrollen, Ölkuchenmesser, Abgratwerkzeuge, Bakelitpreßwerkzeuge, Holzbearbeitungsmaschinenwerkzeuge u. dgl.

Warmarbeit: Preßmatrizen und -gesenke, Lochwerkzeuge, Schermesser, Schnitte, Gewindewalzbacken für die Hufstollenerzeugung, Walzkränze für Schlagleistenwalzung u. dgl.

Verwendung von Stahl 23: Außer Preßluftwerkzeuge, Schrämpicken, wie Stähle 21 und 22.

Anmerkung: Warmpreßmatrizen und -gesenke aus Stählen 21—23 werden 950—1050° in Wasser gehärtet.

E. Niedrig wolframlegierte Werkzeugstähle.
Analyse und Warmbehandlung:

Stahl Nr.	C %	Si %	Mn %	W %	V %	Schmieden °	Glühen °	Glühen h	Glühen kg[1] Festigkeit	Härten °	Ablöschen	Anlassen °	
24	1,1÷1,25	0,15÷0,25	0,2÷0,4	1,7÷2,1	—	1000÷800	710÷740	1÷5	60÷72	780÷810 / 820÷850	Wasser / Öl	180 bis 350	Abnehmende Schneidhaltigkeit / Zunehmende Zähigkeit
25	1,1÷1,25	0,15÷0,25	0,2÷0,4	0,9÷1,2	0,1÷0,3 Cr	950÷800	700÷720	1÷5	60÷72	770÷800	Wasser	180÷240	
26	0,9÷1,25	0,15÷0,25	0,2÷0,4	0,9÷1,2	0÷0,3	950÷800	700÷720	1÷5	60÷72	770÷800 / 820÷860	Wasser / Öl	180 bis 350	
27	0,7÷0,8	0,15÷0,25	0,2÷0,4	0,8÷1,1	—	1000÷800	710÷730	1÷5	60÷72	800÷820	Wasser	180÷240	
28	0,6÷0,7	0,15÷0,25	0,2÷0,4	0,6÷0,8	—	1000÷800	710÷730	1÷5	60÷72	800÷820	Wasser	180÷240	

[1] Festigkeit geglüht und gezogen geglüht.

Stahl 24: 2%iger Wolfram-Wasserhärterstahl von guter Bearbeitbarkeit, guter Schneidhaltigkeit bei mittleren Schnittgeschwindigkeiten, wenig Härteverzug und guter Zähigkeit.

20   Die einzelnen Stähle. Ihre Zusammensetzung, Verwendung und Besonderheit.

Verwendung: Spiralbohrer, Gewindeschneidwerkzeuge, Fräser, Reibahlen, Kalt- und Warmsägen, Metallsägeblätter, Feilenhauermeißel, Holzbearbeitungswerkzeuge u. dgl.

Stahl 25: 1%iger Wolfram- (bis,0,3% Vanadin haltiger) Wasserhärterstahl von guter Bearbeitbarkeit und guter Schneidhaltigkeit bei mittleren Schnittgeschwindigkeiten, wenig Härteverzug und guter Zähigkeit.

Verwendung: Außer Holzbearbeitungswerkzeugen und Sägen für Feilrädchen wie Stahl 24.

Stahl 26: 1%iger Wolfram- (bis 0,3% Chrom haltiger) Wasserhärterstahl usw. wie Stahl 25.

Verwendung: Wie Stahl 24, außerdem für kleine Kaltschermesser, Lochstempel, Schnitte, Kaltschlagwerkzeuge, Kaltziehwerkzeuge, Rollschermesser über 30 mm, Meßwerkzeuge, Glashackuntermesser u. dgl.

Stahl 27: 1%iger Wolfram-Wasserhärterstahl von guter Bearbeitbarkeit, geringem Härteverzug und hoher Zähigkeit.

Verwendung: Kaltschermesser, Schnitte, Lochwerkzeuge, Meßwerkzeuge, Schrottmeißel, Gewehrläufe (anlassen 450÷550°) u. dgl.

Stahl 28: Bis 0,8%iger Wolfram-Wasserhärterstahl von guter Bearbeitbarkeit, geringem Härteverzug und sehr hoher Zähigkeit.

Verwendung: Nietwerkzeuge, Hämmer, Meißel für Hand- und Preßluftbetrieb, Kolben für Preßluftwerkzeuge, Kaltschermesser, Kaltschnitte, Lochwerkzeuge, kleine Profilgesenke, Schmiedesättel, Gewehrläufe (anlassen 400÷550°) u. dgl.

Anmerkung: Holzbearbeitungswerkzeuge u. dgl., die, in Öl gehärtet, höchste Härte, Härtetiefe und Schneidhaltigkeit haben sollen, werden bei hohen Temperaturen 1150÷1200°) warmverformt, nicht geglüht oder bei niedrigen Temperaturen (620÷680)° und kurzen Glühzeiten ($1/2$ bis 1 h) geglüht (siehe auch Anmerkung Stähle 17 und 52, S. 17 u. 26).

F. Schnitt- und maßbeständige Gewindeschneidstähle.
Analyse und Warmbehandlung.

Stahl Nr.	C %	Si %	Mn %	W %	Cr %	Schmieden °	Glühen °	h	Härten kg Festigk.	Härten °	Ablöschen	Anlassen °	
29	1,8÷2,2	0,2÷0,4	0,2÷0,4	0÷1,3	11÷13	950÷850	780÷800	2÷5	75÷85	920÷1000	Luft Öl	180÷320	Abnehmende Schneidhaltigkeit
30	0,9÷1,1	0,3÷1,1	0,9÷1,1	0,9÷1,1	0,9÷1,1	950÷850	710÷730	4÷8	75÷85	770÷830	Öl	180÷320	
31	1,3÷1,5	0,2÷0,5	0,6÷0,9	—	1,3÷1,6	950÷850	700÷730	3÷7	65÷80	780÷840	Öl	180÷320	
32	0,8÷1,0	0,2÷0,4	0,7÷1,1	—	0,5÷1,0	1000÷800	650÷680	3÷7	65÷75	780÷840	Öl	180÷280	
33	0,9÷1,2	0,2÷0,4	0,8÷1,2	—	—	900÷800	630÷660	1÷4	60÷75	780÷820	Öl	220÷260	

Stahl 29: 12%iger Chrom-Lufthärterstahl von hoher Verschleißfestigkeit; härtet durch bei vollster Härtesicherheit, geringster Maßänderung und Verzug; neigt zur Faserbildung, ist ein schlechter Wärmeleiter.

Verwendung: Kaltschermesser, Lochwerkzeuge und Schnitte stärkster Dauerbeanspruchung für Eisen und gehärteten Band- und Formstahl bis ~ 1 mm Dicke, Messing, Kupfer, Aluminium bis ~ 3 mm Dicke, Abgratwerkzeuge, Meßwerkzeuge, Kaltziehwerkzeuge, Stanzen, kleine Kaltwalzen und Kaltmatrizen,

Räumnadeln, Gewindewarmwalzbacken, Breitsätteleinsätze bis ~ 1000 kg Bärgewicht u. dgl.

Anmerkung: Bei diesem Stahl ist bei größeren Abmessungen, auch unter größter Sorgfalt beim Gießen, die Zeilenstruktur nicht restlos zu vermeiden. Hieraus ist für die Verwendung zu folgern, daß Werkzeuge größerer Abmessungen vorteilhaft quer zur Faser (Schmiede- oder Walzrichtung) beansprucht werden, wodurch die Reißgefahr wesentlich behoben wird. Wenn die Werkzeugform es zuläßt, ist es von Vorteil, die Härtetemperatur bis zu ~ 15 min zu halten, weil die schwer löslichen, groben Chromkarbide dann gelöst werden. Warmarbeitende Werkzeuge müssen vor Gebrauch, wegen Reißgefahr, angewärmt werden. — Ein Stahl mit nur 3% Cr, bei sonst gleicher Zusammensetzung, wird nur sehr wenig verwendet.

Stahl 30: 1%iger W-Cr-Mn-Si-Ölhärterstahl von guter Verschleißfestigkeit und Schneidhaltigkeit. Härtet durch bei geringster Maßänderung und Verzug.

Verwendung: Gewindeschneidwerkzeuge, Fräser, Reibahlen, Räumnadeln, Meßwerkzeuge, Kaltziehwerkzeuge, hochbeanspruchte Kaltschermesser, -schnitte und -lochwerkzeuge für Eisen und Stahlbleche, bis ~ 2 mm Dicke, weichere Bleche bis ~ 5 mm, Kreisschermesser für Metalle und sonstige weiche Stoffe, Stanzen, Holzbearbeitungsmaschinenwerkzeuge, Buchstabenstempel für Schriftgießereien u. dgl.

Anmerkung: Werkzeuge heikler Bauart u. dgl., können auch durch Ablöschen an ruhender Luft gehärtet werden. Ein Anlassen erübrigt sich dann meistens. Dieser Stahl ist schwieriger weichzuglühen.

Stahl 31: Cr-Mn-Ölhärterstahl vorstehender Zusammensetzung, verschleißfest, schneidhaltig, härtet tief durch bei geringster Maßänderung und Verzug.

Verwendung: Gewindeschneidwerkzeuge, Fräser, Reibahlen, Räumnadeln, Meßwerkzeuge u. dgl.

Stahl 32: Cr-Mn-Ölhärterstahl vorstehender Zusammensetzung, verschleißfest, härtet tief durch bei geringster Maßänderung und Verzug.

Verwendung: Gewindeschneidwerkzeuge, Reibahlen, Meßwerkzeuge, Bakelitpreßwerkzeuge, Stanzen, Schnitte bis ~ 5 mm Blechdicke, Kaltwalzen u. dgl.

Stahl 33: 1%iger Mangan-Ölhärterstahl, verschleißfest, härtet tief durch bei geringstem Verzug.

Verwendung: Gewindeschneidwerkzeuge, Fräser, Kaltziehwerkzeuge, Meßwerkzeuge, Spindeln aller Art, Spurlager für Spinnspindeln, Federn u. dgl.

Anmerkung: Ziehwerkzeuge werden bei 750° in Wasser gehärtet und ziehen sich beim Härten etwas zusammen. — Bei Spindeln werden zweckmäßig nur die Füßchen in Öl gehärtet, der ungehärtete Teil behält dann die guten federnden Eigenschaften.

G. Legierte Kugel- und Kugellagerstähle.
Analyse und Warmbehandlung.

Stahl Nr.	C %	Si %	Mn %	Cr %	Mo %	Schmieden °	Glühen °	h	kg[1] Festigk.	Härten °	Ablöschen	Anlassen[2] °	h	
34	0,85÷1,10	0,1÷0,3	0,2÷0,4	1,6÷1,85	0÷0,4	950÷800	730÷760	3÷7	60÷72	830÷860	Öl	160÷180	1/2	Abnehmende Verschleißfestigkeit
35	0,85÷1,10	0,1÷0,3	0,2÷0,4	1,3÷1,6	0÷0,4	950÷800	730÷760	3÷7	60÷72	830÷860	Öl	160÷180	1/2	
36	0,85÷1,05	0,1÷0,3	0,2÷0,4	0,6÷1,1	0÷0,4	1000÷850	700÷730	1÷4	60÷72	780÷800	Wasser	100÷120	1÷2	

[1] Festigkeit geglüht und gezogen geglüht.   [2] Kugeln und Kugellager.

Stahl 34: 1,6÷1,85%iger Chrom-(Mo-) Ölhärterstahl (Spitzen-Kugellagerstahl) von tiefer Durchhärtung, hoher Härte und Verschleißfestigkeit.
Verwendung von Stahl 34 und 35: Kugel-, Rollen-, Tonnenlager, Schalen, Scheiben, Kugeln und Rollen stärkster Abmessungen sowie höchster Beanspruchung und Härte, Kalt- und Warmsägen, Kaltwalzen, Gummiwalzen, kleine Kaltschlag- und Kaltpreßmatrizen, Kaltziehwerkzeuge, Stanzen, Daumen, Schloßteile, Rössel, Spindeln für höchste Umlaufzahlen, Mühlpfannen und -zapfen, Preßscheiben u. dgl.
Stahl 35: 1,3÷1,6%iger Chrom-(Mo-) Ölhärter-Kugellagerstahl von tiefer Durchhärtung, hoher Härte und Verschleißfestigkeit.
Stahl 36: 0,6÷1,1%iger Chrom-(Mo-) Wasserhärter-Kugelstahl von weniger tiefer Durchhärtung und guter Verschleißfestigkeit.
Verwendung: Höchstbeanspruchte Kugeln und Rollen bis etwa 15 mm Durchmesser, Kaltschlag- und Kaltpreßmatrizen, Kalt- und Warmsägen, Stanzen, Exzenter, Kulissen, Falzrollen, Spurlinsen, Spurlager für Spinnringe, Nocken, Kaltwalzen, Walzsegmente für die Besteckstanzenindustrie u. dgl.
Anmerkung: Gezogene Kugel- und Kugellagerstähle müssen frei von Randentkohlung sein (siehe S. 13).

H. Legierte Feilenstähle.
Analyse und Warmbehandlung.

Stahl Nr.	C %	Si %	Mn %	Cr %	Schmieden °	Glühen °	Glühen h	Glühen kg[1] Festigk.	Härten °	Ablöschen	
37	1,45÷1,60	0,2÷0,3	0,2÷0,4	1,4÷1,6	950÷850	730÷760	2÷5	62÷72	780÷800	Salzwasser	Abnehmende Schneidhaltigkeit ↓
38	1,35÷1,65	0,2÷0,3	0,2÷0,4	0,4÷0,75	950÷850	710÷730	2÷5	62÷72	780÷800	Salzwasser	

[1] Festigkeit geglüht und gezogen geglüht.

Stahl 37: 1,4÷1,6%iger Chrom-Wasserhärterstahl (Spitzen-Feilenstahl) von höchster Schneidhaltigkeit, Härte und Verschleißfestigkeit, härtet tief durch.
Verwendung: Kugellagerprüf-, Säge-, Fräser-, Glas-, Uhrmacher-, Probier-, Präzisions-, Messer-, Ampullen-, Rapidfeilen u. dgl.
Stahl 38: 0,4÷0,75%iger Chrom-Wasserhärter-Feilenstahl von hoher Schneidhaltigkeit, Härte und Verschleißfestigkeit.
Verwendung: Wie Stahl 37, außerdem für Kaltziehwerkzeuge, Kaltwalzen, Kaltschlag- und Kaltpreßmatrizen, Stanzen u. dgl.
Anmerkung: Feilen schwacher Abmessungen, wie Uhrmacher-, Ampullen-, Nadelfeilen u. dgl., werden aus kaltgezogenem bzw. kaltgewalztem Stahl (siehe S. 13) oder aus Verbundstahl (siehe S. 14) hergestellt.

J. Rostfreie Stähle (s. die Tabelle auf der nächsten Seite)[1].

Stahl 39: Rostfreier Cr-Co-Ölhärterstahl nachstehender Zusammensetzung, von höchster Schneidhaltigkeit und Verschleißfestigkeit (Chromkobalt-Spitzenstahl für schneidende Messer). Festigkeit geglüht 75÷85 kg.
Verwendung von Stahl 39 und 40: Rostfreie Messer, wie Tisch-, Tafel-, Brot-, Gemüse-, Obst-, Fleischer-, Kreis-, chirurgische Messer, Rasiermesser, Rasierklingen, Kugeln, Kugel- und Rollenlager, Schlittschuhe, Gewindeschablone, Kaliberwalzen, Wagen- und Pumpenteile, Bolzen, Zapfen, Wellen, Farbabstreif-

---
[1] Rostfreier Stahl 54 wurde wegen der geringeren rostfreien Verwendbarkeit unter Cr-Ni-Stählen S. 27 aufgeführt.

Rostfreie Stähle: Analyse und Warmbehandlung.

Stahl Nr.	C %	S %	Mn %	Cr %	Mo[1] %	Co[1] %	Schmieden °	Glühen °	h	Härten °	Ablöschen	Anlassen °
39	0,9÷1,1	0,15÷0,4	0,2÷0,4	13÷15	—	2,5÷3,5	1000÷900	760÷780	¼÷3	1150÷1180	Öl oder Luft	500÷600[2]
40	0,6÷0,7	0,15÷0,4	0,2÷0,4	13÷15	1,5÷2,5	—	1000÷900	760÷800	¼÷3	960÷1020	Öl	180÷420
41	0,42÷0,5	0,15÷0,4	0,2÷0,4	13÷15	0÷0,5	—	1050÷900	760÷800	¼÷3	950÷1000	Wasser	180÷420
42	0,3÷0,42	0,15÷0,4	0,2÷0,4	13÷15	0÷0,5	—	1050÷900	760÷800	¼÷3	960÷1000	Wasser	180÷420
43	0,05÷0,2	0,15÷0,5	0,2÷0,7	13÷15	0÷0,5	Ni 0÷0,7	1100÷900	780÷800	—	—	—	—
44	1,5÷2	0,15÷0,5	0,2÷0,7	15÷20	0÷1	0÷2	Gußlegierung			—	—	—
45	0,05÷0,2	0,5÷0,9	0,3÷0,7	16÷20	—	8÷10	1100÷1000	—	—	1080÷1150	Luft	—
46	0,05÷0,2	0,2÷0,9	0,2÷0,7	13÷15	—	2,5÷3,5	1100÷900	—	—	1080÷1150	Luft	—
47	85÷90 Cu	10÷15 Sn	0÷0,01 P				850÷650	850÷650 Wasser		—	—	—

[1] Co- u. Mo-Zusatz ist patentiert.   [2] Anlaßzeit ¼÷1 h.

messer für Stoffdruckereien, Spindeln für Gas- und Wassermesser, Schreibfedern u. dgl.

Stahl 40: Rostfreier Cr-Mo-Ölhärterstahl vorstehender Zusammensetzung, von höchster Schneidhaltigkeit und Verschleißfestigkeit (Chrommolybdän-Spitzenstahl für schneidende Messer). Festigkeit geglüht 75÷85 kg.

Anmerkung: Zur Erzielung höchster Schneidhaltigkeit ist folgende Warmbehandlung anzuwenden (gleicher Vorgang wie unter Magnetstahl 49 und 50 Anmerkung S. 25 angeführt):
1. 5÷8 min erhitzen auf 1180÷1220°, mindestens 12 h lagern.
2. ~ 30 min zwischenglühen bei 650°, mindestens 12 h lagern.
3. Härten 970÷980° in Öl.
4. Anlassen 300÷400° (blaßgelb).

Stahl 41: Rostfreier Cr-(Mo-)Wasserhärterstahl vorstehender Zusammensetzung, schneidhaltig und verschleißfest. Geglüht 65÷75 kg, gehärtet 170÷210 kg Festigkeit.

Verwendung: Wie Stahl 39 und 40, außerdem für Meßwerkzeuge, Scheren, Federn, Zirkel, zahnärztliche Instrumente u. dgl.

Anmerkung: Einige handelsübliche Stähle sind außerdem noch mit Ni bis 1% legiert. Nickel wirkt für schneidende Gegenstände, wie Tischmesser u. dgl., nachteilig auf die Schneidhaltigkeit. — Größere Werkzeuge u. dgl. aus Stahl 41 und 42 werden, wenn die Form es gestattet, vorteilhaft bis ~ 15 min auf Härtetemperatur gehalten. Die schwer löslichen Chromkarbide lösen sich dann und werden gleichmäßig verteilt. Die Rostbeständigkeit der Stähle 39÷42 ist nur in gehärtetem und poliertem Zustande, der Stähle 43÷46 in poliertem Zustande, gesichert. Die abgekürzte Prüfung auf Rostbeständigkeit geschieht durch kurzes Eintauchen des Prüfgegenstandes in eine schwache Kupfersulfatlösung. Rostbeständige Teile bleiben darin blank; an rostunbeständige Teile setzt sich sofort metallisches rotes Kupfer ab.

Stahl 42: Rostfreier Cr-(Mo-)Wasserhärterstahl vorstehender Zusammensetzung, zäh und vergütbar. Geglüht 60÷75 kg, vergütet 70÷90 kg Festigkeit.

Verwendung: Rostfreie Tisch- und Fleischergabeln aller Art, Meßwerkzeuge, Federn, Ventilatorteile, Pumpenteile, Turbinenschaufeln, Kolbenstangen, Bolzen, Schrauben, Zapfen, Spindeln, Wellen, Spiegel, Pinzetten, Schreibfedern, Gewehrläufe, Spritzgußgesenke u. dgl. Nicht geeignet für schneidende Gegenstände.

Stahl 43: Rostfreier Cr-(Mo-Ni-)haltiger Stahl vorstehender Zusammensetzung, vergütbar, sehr zähe, ist auch ungehärtet rostfrei und hitzebeständig bis 900°. Geglüht 50÷65 kg, vergütet 70÷85 kg Festigkeit.

Verwendung: Rostfreie Löffel, stumpfe chirurgische Instrumente, Gefäße, Bottiche, Behälter, Rührschaufeln, Turbinenschaufeln, Fahrzeugteile, Schrauben, Nieten, Rohre, Metzgerhaken, Türklinken, Pinzetten, Drahtgeflechte, Injektionsnadeln, Holländermesser, Beschläge, Blitzableiterspitzen, Leitungsteile, Tafelbestecke, Wellbleche, Ventilringe und -spindeln, Ventilsitze für Dampfmaschinen, Härtetiegel u. dgl.

Anmerkung: Stahl 43 mit hervorragender Bearbeitbarkeit auf Automaten, hat außer Cr noch einen S-Gehalt von 0,1÷0,24% und Zirkongehalt bis ~ 0,4%. Der gleiche Erfolg wird bei Stählen 43, 45 und 46 durch einen Selen-Zusatz von ~ 0,25% erreicht. (Patent der Carpenter Steel Co.)

Stahl 44: Rostfreie Cr-(Mo-Ni-)haltige Gußlegierung vorstehender Zusammensetzung, spröde; bis ~ 900° hitzebeständig.

Verwendung: Rostfreie gegossene Tür- und Fensterklinken, Fleischerhaken, Herd- und Gasofenteile, Härtetiegel, Einsatzkästen u. dgl.

Anmerkung: Die Rostbeständigkeit ist abhängig von besonderer Abkühlung beim Gießen.

Stahl 45: Rostfreier Cr-Ni-Stahl vorstehender Zusammensetzung, zähe, vergütbar, austenitisch, alaunbeständig, hitzebeständig bis ~ 1200° (ähnlich NCT 3). Festigkeit geschmiedet oder gewalzt ~ 70 kg, vergütet (unmagnetisch) ~ 55 kg.

Verwendung: Rostfreie Meßwerkzeuge, alaunbeständige Holländermesser, Einsatzhärtekästen, Härtetiegel, Emaillierroste, Porzellanmatrizen, Auspuffventile, Glühtöpfe, Glührohre, Pyrometerschutzrohre u. dgl.

Stahl 46: Rostfreier Cr-Ni-Stahl vorstehender Zusammensetzung, zäh, vergütbar, austenitisch, hitzebeständig bis ~ 900°. Naturhart ~ 68 kg, vergütet (unmagnetisch) ~ 55 kg Festigkeit.

Verwendung: Holländermesser, die dauernd in Alaunlösungen arbeiten, rostfrei sein müssen u. dgl.

Anmerkung: Alaunbeständigkeit ist auch bei einem W-Zusatz von 2,5÷4% gesichert.

Stahl 47: Phosphorbronze, hergestellt aus reinstem Elektrolytkupfer, rostbeständig und zähe.

Verwendung: Holländermesser u. dgl.

Anmerkung: Um die Korrosionsbeständigkeit zu erhöhen wird statt Sn in wechselnden Mengen: Ni, Al, V, Cr, Mo, Si, B. verwendet.

K. Dauer-Magnetstähle (s. die Tabelle auf der nächsten Seite).

Stahl 48: 30÷40%iger Kobalt-Ölhärter-Magnetstahl von höchster Koerzitivkraft.

Verwendung von Stahl 48÷50: Gegossene oder aus Stabstahl angefertigte

Dauer-Magnetstähle.

Dauer-Magnetstähle: **Analyse und Wärmebehandlung** (magn. Gütewerte s. S. 57).

Stahl Nr.	C %	Si %	Mn %	W %	Cr %	Co %	Mo %	Schmieden und biegen °	Glühen °	Glühen h	kg Festigkeit	Härten °	Ablöschen	
48	0,8÷1,0	0,15÷0,30	0,2÷0,80	1,5÷5,0	5÷9	30÷40	0÷4,5	950÷800	720÷780	½÷2	~80	930÷960	Öl	
49	0,9÷1,2	0,15÷0,30	0,2÷0,50	—	8÷10	15÷17	1,2÷2,0	950÷800	siehe Anmerkung		80÷110	siehe Anmerkung	Öl	Steigende Remanenz³
50	0,9÷1,2	0,15÷0,30	0,2÷0,50	—	8÷10	10,5÷12,5	1,2÷2,0	950÷800			80÷110		Öl	
51	0,9÷1,2	0,15÷0,30	0,2÷0,50	—	5÷6	5÷6	—	950÷800	620÷700	¼÷1	80÷110	880÷930	Öl	
52a	0,6÷0,75	0,15÷0,30	0,2÷0,4	5÷6,0	0,8÷1,1	—	—	schmieden 1200÷900 biegen 950÷800	680÷710	¼÷1	80÷110 80÷110	790÷810 810÷840	Wasser oder Öl	Abnehmende Koerzitivkraft¹
52b	0,6÷0,75	0,15÷0,30	0,2÷0,4	5÷6,0	0,3÷0,4	—	—	schmieden 1200÷900 biegen 950÷800	650÷680	¼÷1	80÷110 80÷110	820÷860 840÷900	Wasser oder Öl	
53	0,9÷1,05	0,15÷0,30	0,2÷0,4	—	2,0÷2,3	—	—	schmieden 950÷800 biegen 900÷750	630÷680	¼÷1	80÷110 80÷110	780÷810 820÷850	Wasser oder Öl	

[1] Remanenz = die vom Stahl aufgenommene Induktion in Kraftlinien je cm²
[2] Koerzitivkraft = die verwendete Feldstärke um die Induktion nach erfolgter stärkster Magnetisierung wieder auf Null zu bringen.

Magnete für Meßgeräte, Kompaßnadeln, Schwungräder, Radio, Lautsprecher, Reglermagnete für Öfenanlagen und Temperatureinflüsse bis ~200° u. dgl.

Anmerkung: Gußmagnete werden ohne jede Warmbehandlung für schwierig herzustellende Magnetformen, die sonst sehr viel mechanische Bearbeitung erfordern, verwendet. Sofern Bearbeitbarkeit erforderlich ist, werden Gußmagnete geglüht und nachfolgend gehärtet bzw. dreifach warm behandelt.

Stahl 49: 15÷17%iger Kobalt-Ölhärter-Magnetstahl von hoher Koerzitivkraft.

Stahl 50: 10,5÷12,5%iger Kobalt-Ölhärter-Magnetstahl von hoher Koerzitivkraft.

Anmerkung zu Stahl 49 und 50: Die günstigsten magnetischen Eigenschaften werden durch folgende dreifache Warmbehandlung erreicht:

1. 5÷10 min erhitzen auf 1180÷1220°, abkühlen an Luft. Die Karbide werden gelöst. Der Stahl ist fast unmagnetisch.

2. Zwischenglühen ~½ h bei 700÷780°. (Durch Umwandlung von γ- in α-Eisen tritt merkbare selbsttätige Temperaturerhöhung, über Ofentemperatur, ein.)

3. Härten 950÷1000° in Öl, gegebenenfalls in Luft. Zwischen Stufe 2 und 3 sind die Magnete mindestens 12 h zu lagern. Härten aus der oberen Härtegrenze ergibt hohe Koerzitivkraft und niedrigere Remanenz. Härten aus der unteren Härtegrenze ergibt niedrigere Koerzitivkraft und höhere Remanenz. Mit abnehmender Kühlmittelwirkung steigt die Koerzitivkraft, die Remanenz

fällt. Kobaltmagnete werden in einem Gleichstromfeld von 1000÷1500 Gauß magnetisiert. Die wirtschaftlichste Ausnutzung der Kobaltstähle ist abhängig von der Magnetform. Die kurz gedrungene weitpolige Form ist am geeignetsten. Die Kobaltmagnete sind unempfindlicher gegen Temperaturschwankungen (alterungsunempfindlicher) als Wolfram- und Chromstahlmagnete. Weichhäutigkeit wirkt sehr ungünstig auf die magnetischen Eigenschaften.

Stahl 51: 5÷6%iger Kobalt-Ölhärter-Magnetstahl von guter Koerzitivkraft.

Verwendung: Außer Gußmagnete wie Stahl 48÷50.

Stahl 52: 5÷6%iger Wolfram-Wasserhärter-Magnetstahl von höchster Remanenz.

Verwendung: Dauermagnete aller Art, wie Zünd-, Zähler-, Brems-, Wecker-, Telephon-, Radio-, Meßgeräte-, Lichtmaschinenmagnete u. dgl., ferner für kleine Warmmatrizen, Warmpreß- und Warmprofilgesenke, Schlicht- und Profilsättel, Kaltziehwerkzeuge, Holzbearbeitungsmaschinenwerkzeuge u. dgl.

Anmerkung: Um die besten magnetischen Eigenschaften, Schneidleistungen, Härte und Tiefenhärte zu erreichen, werden diese Stähle bei hohen Temperaturen (möglichst an 1200°) warmverformt, ungeglüht, oder bei niedrigen Temperaturen und kurzen Glühzeiten geglüht. Werden durch Fehler bei Warmbehandlung (walzen, schmieden, glühen, härten) die höchsten magnetischen Eigenschaften, die größte Härtetiefe und die höchste Härte nicht erreicht, so kann der Stahl durch Glühen: 5÷10 min, 1180÷1220° (die ausgeschiedenen Wolframkarbide werden gelöst), Abkühlung an Luft und nachfolgender normaler Härtung erneuert behandelt (regeneriert) werden. Stahl a mit höherem Chromgehalt ist bedeutend wärmeunempfindlicher, wodurch seine Verwendung für Magnete in steigendem Maße zunimmt.

Magnetform: Für Wolfram- und Chromstahlmagnete ist die engpolige langschenklige Form am geeignetsten. Die wirtschaftlichste Ausnutzung dieser Magnetstähle ist abhängig von dem Polabstand (Entmagnetisierungsfaktor) und von dem Verhältnis aus Länge : Querschnitt.

Magnetisieren: Wolfram- und Chromstahlmagnete werden in einem Gleichstromfeld von ~ 500 Gauß magnetisiert. Vor dem Magnetisieren (nach dem Härten) sind die Magnete vorteilhaft mindestens 12 h zu lagern.

Magnetbiegen: Siehe Stahl 53.

Stahl 53: 2%iger Chrom-Wasserhärter-Magnetstahl von hoher Remanenz, hoher Verschleißfestigkeit und tiefer Durchhärtung.

Verwendung: Magnete wie Stahl 52, ferner für Kaltziehwerkzeuge, Kaltschlagmatrizen, Stanzen, Kaltwalzen, Kaltschermesser und -schnitte für Bleche unter 3 mm Dicke, Rollschermesser, Kulissen, Daumen, Nocken u. dgl.

Magnetbiegen: Nach dem Warmbiegen werden Chrom- und Wolframstahlmagnete, die noch bearbeitet werden müssen, zweckmäßig in geeigneten Abkühlkästen (isolierte Blechkästen mit Luftschutzklappe) möglichst langsam abgekühlt. Ist auch dann noch nicht die gewünschte Bearbeitbarkeit vorhanden und ein Weicherglühen nicht zu umgehen, so ist die Glühtemperatur niedrig und die Glühzeit sehr kurz zu halten, da jede Glühbehandlung die magnetischen Eigenschaften vermindert. — Weichhäutigkeit wirkt bei Wolfram- und Chromstahlmagneten besonders ungünstig auf die magnetischen Eigenschaften.

Magnetform und Magnetisieren siehe Stahl 52.

Anmerkung: Werkzeuge u. dgl. aus Stahl 52 und 53, die weich geglüht (auf 62÷72 kg Festigkeit) werden müssen, werden 1÷4 h bei 720÷750° geglüht.

L. Chromnickel-Werkzeug- und Vergütungsstähle.
Analyse, Warmbehandlung und mechanische Gütewerte.

Stahl Nr.	C %	Si %	Mn %	W %	Cr %	Ni %	Mo %	Schmieden °	Glühen °	h	kg Festigkeit	Zustand
54	0,3÷0,5	0,5÷1,0	1÷1,5	1,5÷3,2	12÷13	12÷14	—	1050÷900	600÷640	1÷6	75÷85 / 75÷170	naturhart / vergütet
55	0,2÷0,35	0,2÷0,6	0,6÷0,8	4÷4,5	0,7÷1,0	4÷4,5	0,7÷1	1050÷850	600÷640	4÷12	80÷90 / 140÷180	geglüht / vergütet
56	0,25÷0,35	02,÷0,6	0,4÷0,8	—	0,3÷0,7	4,8÷5,2	1,3÷1,7	1050÷850	620÷640	4÷12	80÷90 / 140÷180	geglüht / vergütet
57	0,3÷0,4	0,15÷0,4	0,4÷0,8	0,8÷1,2	1,4÷1,7	4÷4,7 V	—	1100÷1000	580÷610	4÷12	80÷90 / 100÷160	geglüht / vergütet
58	0,3÷0,4	0,15÷0,4	0,4÷0,8	—	1,3÷1,7	4÷4,7	0÷0,5	1100÷950	560÷590	4÷12	75÷85 / 90÷160	geglüht / vergütet
59	0,4÷0,5	0,2÷0,35	0,4÷0,8	0,4÷0,8	1,1÷1,7	3÷3,7	—	1100÷950	620÷640	4÷12	75÷85 / 90÷160	geglüht / vergütet
60	0,5÷0,6	0,2÷0,35	0,4÷0,8	—	0,6÷1,4	3÷3,7	— Mo	1050÷900	610÷630	4÷12	75÷85 / 90÷160	geglüht / vergütet
61	0,4÷0,5	0,2÷0,35	0,4÷0,8	0,8÷1,2	1÷1,2	2,5÷3,0	0,2÷0,4	1100÷900	620÷640	4÷12	75÷85 / 90÷160	geglüht / vergütet
62	0,3÷0,4	0,2÷0,35	0,4÷0,8	—	0,8÷1,2	3÷3,7	—	1100÷950	630÷650	3÷8	65÷75 / 85÷140	geglüht / vergütet
63	0,5÷0,65	0,2÷0,4	0,6÷1,2	—	0,5÷1,0	1,5÷2,5	0,1÷0,4	1100÷950	620÷650	3÷8	65÷80	geglüht
64	0,65÷0,75	0,2÷0,4	0,6÷1,0	—	0÷0,5	0÷0,5	—	1150÷900			80÷95	Lufthärtung naturhart

Stahl 54: Cr-Ni-W-Mn-Si-haltiger Lufthärter-Vergütungsstahl vorstehender Zusammensetzung, austenitisch, rostbeständig, warm- und alaunbeständig, verschleißfest, schlechter Wärmeleiter, härtet durch und ist zäh. Hitzebeständig bis ~ 1100°.
Verwendung: Warmpreßmatrizen, Spritzgußgesenke, Warmziehringe und -dorne, Walzenstopfen, hammerharte Matrizen für Strangpressen, Porzellanmatrizen, Emaillierroste, Glührohre und -töpfe, Härtetiegel, Auslaßventile bis ~ 900° Dauerbeanspruchung u. dgl.
Anmerkung: Die Chromnickelstähle schlechter Wärmeleitfähigkeit sind wegen Reißgefahr, langsam und durchgreifend anzuwärmen. Größere warmarbeitende Werkzeuge sind vor Gebrauch langsam anzuwärmen.
Stahl 55: Cr-Ni-W-Mo-haltiger Ölhärter-Vergütungsstahl vorstehender Zusammensetzung, verschleißfest, schlechter Wärmeleiter, warmbeständig, härtet durch und ist zäh.
Verwendung: Warmpreßmatrizen, Spritzgußgesenke, Warmziehdorne, hammerharte Gesenke u. dgl.
Stahl 56: Cr-Ni-Mo-haltiger Ölhärter-Vergütungsstahl vorstehender Zusammensetzung, warmbeständig, verschleißfest, schlechter Wärmeleiter, härtet durch und ist zäh. Verwendung: Wie Stahl 55.
Stahl 57: Cr-Ni-W-haltiger Lufthärter-Vergütungsstahl vorstehender Zusammensetzung, warmbeständig, verschleißfest, schlechter Wärmeleiter, härtet durch und ist zäh. Spitzenstahl für Besteckstanzen.

28   Die einzelnen Stähle. Ihre Zusammensetzung, Verwendung und Besonderheit.

Verwendung von Stahl 57 und 58: Höchstbeanspruchte Form-, Preß- und Prägestanzen, Pfaffen und Besteckstanzenwalzen für harte Metalle und empfindliche Gravuren, Warmpreßmatrizen, Warmgesenke, Kaltschermesser, Flach- und Breitsättel, Gewindewalzbacken und -rollen, Spritzgußgesenke für leichtschmelzende Metalle, Einlaßventile u. dgl. vergütet auf 140÷160 kg Festigkeit für Warmpreßdorne, -stempel, -scheiben, Warmschermesser, Auswerfdorne, Dornhalter, Mundringeinsätze, Rezipientenbüchsen u. dgl., vergütet auf 90÷120 kg (anlassen 500÷600°, 1÷3 h), für Konstruktionsteile des Fahrzeug-, Flugzeug- und Maschinenbaues, die besonders hoch auf Verdrehung (Torsion) wechselnde Belastung und Biegung beansprucht werden.

Stahl 58: Cr-Ni-(V-)haltiger Lufthärter-Vergütungsstahl vorstehender Zusammensetzung, warmbeständig, verschleißfest, schlechter Wärmeleiter, härtet durch und ist zäh.

Stahl 59: Cr-Ni-W-Ölhärter-Vergütungsstahl vorstehender Zusammensetzung usw. wie Stahl 58.

Verwendung: Hochbeanspruchte Preß- und Prägestanzen, Warmpreßmatrizen, Warmgesenke, Spritzgußgesenke, Warm- und Kaltschermesser u. dgl.

Stahl 60: Cr-Ni-Lufthärter-Vergütungsstahl vorstehender Zusammensetzung usw. wie Stahl 58.

Verwendung: Wie Stahl 59 außer Warm- und Kaltschermesser.

Stahl 61: Cr-Ni-W-Mo-haltiger Ölhärter-Vergütungsstahl vorstehender Zusammensetzung usw. wie Stahl 58.

Verwendung: Außer Konstruktionsteile und Spritzgußgesenke wie Stahl 57

Stahl 62: Cr-Ni-Ölhärter-Vergütungsstahl (ähnlich VCN 35), von guter Verschleißfestigkeit, Zähigkeit und Durchhärtung.

Verwendung: Warmpreßmatrizen, Warmgesenke, Stauchgesenke für Schmiedemaschinen (auf 100÷130 kg Festigkeit vergütet), Kalt- und Warmschermesser, Ziehstempel für Rohr- und Stangenzug, Schmiedesättel, vergütet auf 90÷105 kg Festigkeit für hochbeanspruchte Konstruktionsteile des Flug-, Fahrzeug- und Maschinenbaues.

Stahl 63: Cr-Ni-Mo-Mn-haltiger Ölhärter-Vergütungsgesenkstahl vorstehender Zusammensetzung, Stahl von hoher Zähigkeit.

Verwendung: Kleine Warmpreßgesenke, zähe Warmgesenke größter Bauart zum Schlagen und Pressen großer Teile, wie Autoteile u. dgl., Schmiedesättel u. dgl.

Anmerkung: Der Stahl wird bei Ölhärtung voll ausgenutzt.

Stahl 64: Gesenkstahl vorstehender Zusammensetzung, von hoher Zähigkeit und einfacher Härtung.

Verwendung: Mittlere und große Profilgesenke, Schmiedesättel u. dgl.

M. Manganstähle.
Analyse und Warmbehandlung.

Stahl Nr.	C %	Si %	Mn %	Schmieden °	Glühen °	Härten °	Ablöschen	Anlassen °
65 a	1÷1,25	0,2÷0,5	12÷14	950÷850	Siehe Anmerkung	—	—	—
b	0,3÷0,5	0,2÷0,5	12÷14	950÷850		—	—	—
66	0,45÷0,6	0,2÷0,8	1,7÷2,2	950÷800	600÷650	800÷820	Öl	÷520
67	0,4÷0,55	0,2÷0,4	0,8÷1,2	1000÷800	630÷680	750÷800	Wasser	240÷480

Stahl 65: 12%iger Manganhartstahl (Hadfieldstahl) von größter Verschleißfestigkeit, Bruchsicherheit, Zähigkeit und Dehnung, gleichmäßiger Härte über

den ganzen Querschnitt sowie sehr geringer Wärmeleitfähigkeit. Unmagnetisch-austenitisch.

Verwendung: Gegossen oder warmverformt für Gegenstände, die stärkstem Verschleiß unterworfen sind, dabei sehr zähe und bruchsicher sein müssen, wie Baggerteile, Brikett-

Stahl 65	Festigkeit km/mm²	Dehnung %	Brinellhärte
Naturhart...	~ 110	10÷20	230÷255
Gehärtet....	90÷110	40÷60	200÷230

matrizen, Brechbacken, Brechwalzen, Eisenbahn- und Straßenbahnkreuzungen, Weichenzungen, Herzstücke, Kugeln, Kugelmühlplatten, Kollergangteile, Panzerplatten, Riffelwalzen, Sandstrahldüsen und -krümmer, Siebe, Schläger, Schwalbungen u. dgl.

Anmerkung: Die höchste Widerstandsfähigkeit gegen Verschleiß und Bruch sowie die ungewöhnlich hohe Dehnung von 40÷60% wird durch schnelles Abschrecken aus 1000÷1050° in fließendem Wasser oder in großen Wassermengen erreicht, wobei die Streckgrenze von ~ 80 auf ~ 45 kg/mm² fällt. Der Stahl ist bei den angeführten Temperaturen gut schmiedbar und walzbar, erfordert aber bei jeder Warmbehandlung langsame und durchgreifende Anwärmung, um Spannungsrisse zu vermeiden. Bei geringen Schnittgeschwindigkeiten ist der Stahl mit den hierfür geeigneten Werkstoffen (Karbidschneidmetallen, Riffelstählen) bearbeitbar.

Stahl 66: 2%iger Mangan-Ölhärter(Feder-)stahl von guter Verschleißfestigkeit, Bruchsicherheit, gleichmäßiger Härte über den ganzen Querschnitt und geringer Wärmeleitfähigkeit. Festigkeit naturhart ~ 100 kg.

Verwendung: Autoblattfedern und sonstige hochbeanspruchte Federn aller Art, Schwalbungen für Brikettpressen, Brikettpreßstempel, Formkastenplatten, Formteilbüchsen, Gleitschienen, Seiteneinlagen, Eimer-Messer-Zinken, Schlagelemente für Hammermühlen, Löffelzähne, Rätter, Siebe, Rutschenbleche, Warmwalzdorne, Warmziehdorne, Lokomotivradreifen, Pflugscharmesser, Schüttklappenbleche, Straßenbahnschienen u. dgl.

Stahl 67: 1%iger Mangan-Wasserhärterstahl von guter Zähigkeit. Festigkeit naturhart ~ 80 kg.

Verwendung: Kleine bis mittelgroße einfache Gesenke, Warmschermesser, -schnitte, -lochwerkzeuge, mittlere Flach- und Breitsättel, Hand- und Schrottmeißel (240÷300° anlassen), Hämmer, Beile, Schermesser aller Art, Schmiedewerkzeuge, Federn (350÷480° anlassen) als Amboßverstählstahl. Vergütet für normal beanspruchte Teile des Fahrzeugbaues und höher beanspruchte Teile des Maschinenbaues. Diese Teile werden meist in Öl bei 820÷850° gehärtet und 450÷600° angelassen. Festigkeit vergütet 75÷90 kg.

N. Federstähle (s. die Tabelle auf der nächsten Seite).

Stahl 68: 3%iger Silizium-Ölhärter-Federstahl von außerordentlichen elastischen Eigenschaften.

Verwendung: Federn aller Art, die außergewöhnlich stark auf Stoß und Schlag beansprucht werden, wie Geschütz(Vorhol-)federn u. dgl.

Stahl 69: Cr-Si-Ölhärter-Federstahl nachstehender Zusammensetzung, härtet tief durch, ist unempfindlich gegen starke Stöße sowie ununterbrochene Be- und Entlastung. Ersatz für Chromnickel-Vergütungsstahl.

Verwendung: Höchstbeanspruchte Federn aller Art wie Auto-Blattfedern, Lokomotiv-, Schrauben-, Spiral-, Belleville-, Gewehrschloßfedern, ferner für Federn, die vorübergehend bis 300° beansprucht werden, wie Ventil-, Regler-

30 Die einzelnen Stähle. Ihre Zusammensetzung, Verwendung und Besonderheit.

Federstähle: **Analyse, Warmbehandlung und mechanische Gütewerte.**

Stahl Nr.	C %	Si %	Mn %	Cr %	V %	Federn wickeln °	Glühen °	Härten °	Ablöschen	Anlassen °	Festigkeit naturhart kg/mm²	Festigkeit federhart kg/mm²	
68	0,53÷0,60	~3	0,7÷0,8	—	—	900÷800	640÷680	800÷840	Öl	380÷430	~105	~165	
69	0,45÷0,55	0,8÷1,1	0,4÷0,6	0,8÷1,2	—	900÷800	650÷670	800÷840	Öl	420÷520	~95	~155	
70	0,45÷0,55	0,1÷0,3	0,7÷1,0	0,9÷1,1	0,15÷0,25	900÷800	650÷670	800÷840	Öl	420÷520	~90	~140	↓
71	0,45÷0,60	1,8÷2,2	0,7÷1,0	—	—	900÷800	620÷650	780÷800 800÷830	Wasser Öl	380÷480	~95	~150	Abnehmende federharte Festigkeit
72	0,60÷0,70	1,5÷1,8	0,6÷0,8	—	—	900÷800	630÷650	820÷840	Öl oder Wasser	380÷500	~95	~150	
73	0,45÷0,55	1,5÷1,8	0,5÷0,8	—	—	900÷800	630÷650	780÷800	Wasser	380÷500	~85	~145	
74	0,80÷0,85	0,3÷0,5	0,7÷1,0	—	—	900÷800	630÷660	800÷820	Öl	380÷500	~95	~140	
75	0,65÷0,70	0,8÷1,0	1,0÷1,2	—	—	900÷800	620÷640	780÷820	Öl	380÷500	~93	~140	
76	0,45÷0,50	0,9÷1,2	1,0÷1,2	—	—	900÷800	620÷640	750÷780	Wasser	380÷500	~82	~130	
77	0,40÷0,45	0,8÷1,0	0,8÷1,0	—	—	900÷800	—	780÷800	Wasser	380÷500	~78	~125	
78	0,35÷0,40	0,7÷0,9	0,7÷0,9	—	—	900÷800	—	800÷830	Wasser	380÷500	~72	~110	↓

federn u. dgl., ohne Verminderung der federnden Eigenschaften. Vergütet auf 80÷100 kg Festigkeit, entsprechend einer Anlaßtemperatur von 500÷600°, für hochbeanspruchte Konstruktionsteile des Fahrzeug- und Maschinenbaues.

Stahl 70: Cr-Mn-V-haltiger Ölhärter-Federstahl vorstehender Zusammensetzung (Spitzenstahl für Automobilfedern), unempfindlich gegen starke Stöße sowie ununterbrochene Be- und Entlastung, dauernd gleichbleibende weiche Federung. Ersatz für Chromnickel-Vergütungsstahl.
Verwendung: Wie Stahl 69.

Stahl 71: Mn-Si-Ölhärter-Federstahl vorstehender Zusammensetzung, unempfindlich gegen plötzliche Überanspruchung. Altbewährte Legierung für Autoblattfedern.
Verwendung: Federn wie Stahl 69. Vorübergehende Erwärmung ohne Verschlechterung der federnden Eigenschaften bis 250°.

Stahl 72: Mn-Si-Ölhärter-Federstahl vorstehender Zusammensetzung, unempfindlich gegen plötzliche Überanspruchung.
Verwendung: Federn wie Stahl 69.

Stahl 73: Mn-Si-Wasserhärter-Federstahl, unempfindlich gegen plötzliche Überanspruchung.
Verwendung: Federn wie Stahl 69.

Stahl 74: Mn-C-Ölhärter-Federstahl vorstehender Zusammensetzung, von guten, federnden Eigenschaften.
Verwendung: Normale Eisenbahnfedern, wie Trag-, Puffer-, Scheiben-, Schraubenfedern, ferner für Auto-, Regler-, Ventil-, Wagen-, Kalesch-, Kultivator-, Spiralfedern, Federringe, Federblätter für Federhämmer u. dgl.

Stahl 75: Mn-Si-Ölhärter-Federstahl vorstehender Zusammensetzung, von guten, federnden Eigenschaften.
Verwendung: Wie Stahl 74.
Stähle 76÷78: Mn-Si-Wasserhärter-Federstähle vorstehender Zusammensetzungen, von guten, federnden Eigenschaften.
Verwendung: Wie Stahl 74. Stahl 77 wird außer für Federn für Spindeln verwandt.

O. Legierter Rasiermesser- und Stanzenstahl.
Analyse und Warmbehandlung.

Stahl Nr.	C %	Si %	Mn %	W %	Cr %	Schmieden °	Glühen °	h	kg Festigk.	Härten °	Ablöschen	Anlassen °
79	1,2÷1,4	0,15÷0,3	0,2÷0,4	0÷0,2	0,2÷0,5	900÷800	700÷720	½÷2	60÷70	740÷780	Wasser	180÷220
80	0,9÷1,1	0,15÷0,3	0,15÷0,35	0,8÷1,0	Ni 0,8÷1,0	950÷850	680÷700	1÷3	65÷75	820÷840	Wasser	180÷220

Stahl 79: Cr-(W-)Wasserhärterstahl (Spitzen-Rasiermesserstahl) vorstehender Zusammensetzung, von höchster Schneidhaltigkeit und hoher Verschleißfestigkeit.
Verwendung: Rasiermesser, Rasierklingen, chirurgische Messer, Schaber, Stichel, Mühlpicken, Steinbearbeitungswerkzeuge, Kreismesser, kleine Kaltschlag- und Kaltpreßmatrizen, Kaltwalzen, Stanzen, Ziehwerkzeuge u. dgl.
Stahl 80: 1%iger C-W-Ni-Wasserhärterstahl (Sonderstanzenstahl) von hoher Härte und Verschleißfestigkeit.
Verwendung: Stanzen, Kaltschlagwerkzeuge, Kaltwalzen, Kaltziehwerkzeuge, kleine Warmgesenke, Schmiedesättel, Stiftenmesser für Drahtstiftenmaschinen u. dgl.

P. Kohlenstoffstähle.
Analyse und Warmbehandlung.

Stahl Nr.	C %	Si %	Mn %	Schmieden °	Glühen °	h	kg[1] Festigk.	Härten °	Ablöschen	
81	1,35÷1,50	0,15÷0,30	0,2÷0,4	950÷800	680÷710	1÷2	60÷70	740÷780	Wasser	Zunehmende Zähigkeit / Abnehmende Schneidhaltigkeit
82	1,2÷1,35	0,15÷0,30	0,2÷0,4	950÷850	680÷710	1÷2	60÷70	740÷780	Wasser	
83	1,05÷1,20	0,15÷0,30	0,2÷0,4	950÷850	680÷710	1÷2	60÷70	750÷790	Wasser	
84	0,9÷1,05	0,15÷0,30	0,2÷0,4	1000÷800	680÷710	1÷2	60÷70	760÷800	Wasser	
85	0,75÷0,9	0,15÷0,30	0,2÷0,4	1000÷800	690÷720	1÷2	60÷70	800÷820	Wasser	
86	0,6÷0,75	0,15÷0,30	0,2÷0,4	1000÷800	700÷720	1÷2	60÷70	820÷840	Wasser	

[1] Festigkeit geglüht und gezogen geglüht.

Stahl 81: 1,35÷1,5%iger Kohlenstoff-Wasserhärterstahl.
Verwendung: Feilen, Mikrotommesser, Stichel, Schaber, Steinbearbeitungswerkzeuge für hartes Gestein, Werkzeuge zum Bearbeiten von Elfenbein, Horn, Perlmutter, Steinnuß u. dgl., Kaltziehwerkzeuge u. dgl.

Stahl 82: 1,2÷1,35%iger Kohlenstoff-Wasserhärterstahl.

Verwendung: Abschneiderädchen, Bohrer, Dreh-, Hobel-, Fräs-, Bohr- und Stoßmesser, Feilenhauermeißel, Feilen, Fräser, Gewindeschneidwerkzeuge, Graveurwerkzeuge, Herzrollen, Kaltschlag- und Kaltpreßmatrizen, Kaltwalzen, Loch- und Markierstempel, Messer- und Mühlpicken, Polierhämmer, Rasiermesser, Rasierklingen, Reibahlen, Schaber, Schneidmesser aller Art, Stanzen aller Art, Spindeln, Stichel, Kaltziehwerkzeuge u. dgl.

Stahl 83: 1,05÷1,2%iger Kohlenstoff-Wasserhärterstahl.

Verwendung: Bohrer, Bohrmesser, Bohrbüchsen, Daumen, Dreh-, Hobel-, Fräs- und Stoßmesser, Feilen, Feilenhauermeißel, Feilrädchen, Fräser, Federn für Uhren und Spieldosen, Gewindeschneidwerkzeuge, Kaltwalzen, Kaltschlag- und Kaltpreßmatrizen, Gummikaliberwalzen, Kreismesser, Körner aller Art, Kronhämmer, Kulissen, Laufrollen, Meßwerkzeuge, Mühlpicken, Metallsägen, Nagelmaschinenmesser, Nocken, Polierwalzen, Pferdescheren, Pickhämmer, Reibahlen, Rollschermesser, Kalt- und Warmsägen, Schneidmesser aller Art, Kaltschermesser, -schnitte, -lochwerkzeuge, Spindeln, Stanzen aller Art, Kaltziehwerkzeuge u. dgl.

Stahl 84: 0,9÷1,05%iger Kohlenstoff-Wasserhärterstahl.

Verwendung: Bohrbüchsen, Buchstabenstempel, Drahtstiftenmesser, Durchschläge, Federn für Uhren und Spieldosen, Gewindeschneidwerkzeuge, Graveurmeißel, Gewehrläufe, Holzbearbeitungswerkzeuge, Kaltwalzen, Kaltschlag- und Kaltpreßmatrizen, Kugeln, Kalt- und Warmsägen, Korkbrecherscheiben, Körner aller Art, Kreismesser, Markierhämmer und -stempel, Meßwerkzeuge, Muttermoletten, Polierwalzen, Reibahlen, Reißnadeln, Setzhämmer, Sensenkerne, Kaltschermesser, -schnitte, -lochwerkzeuge, Schneidmesser aller Art, Schlagsäume (kleine Warmgesenke), Schlagbolzen, Schlitzfräser (Nadeln), Schärfrollen, -scheiben, -plättchen, Stanzen aller Art, Treibdorne (Siederohre), Tochtermoletten, Wagenpfannen und -schneiden, Wetzstahl für Metzger, Ziffernstempel u. dgl.

Stahl 85: 0,75÷0,9%iger Kohlenstoff-Wasserhärterstahl.

Verwendung: Äxte, Döpper, Dorne, Drehbankspindeln, Dengelzeuge, Ertl, Fallhammerprofil- und Schmiedegesenke, Handhämmer, Holzbearbeitungswerkzeuge, Kalt- und Warmsägen, Kaltschlag- und Kaltpreßmatrizen, Kaltschermesser, -schnitte, lochwerkzeuge, Körner aller Art, Maschinenbacken, Mühlzapfen und -pfannen, Muttermoletten, Nietenzieher, Pfannen für Wagen, Pinzetten, Scherenklingen aller Art, Schlägel aller Art, Schmiedesättel, Schneidmesser aller Art, Schneiden für Wagen, Schablone, Stanzen aller Art, Schrottmeißel u. dgl.

Stahl 86: 0,6÷0,75%iger Kohlenstoff-Wasserhärterstahl.

Verwendung: Auftreibdorne, Beile, stumpfe chirurgische Instrumente, Döpper (Schelleisen), Drehbankkörner und -spindeln, Druckschrauben, Ertl, Futtermesser, Gewehrläufe, Schloßfedern, Hand- und Schmiedemaschinenhämmer, Hauer aller Art, Injektionsnadeln, orthopädische Instrumente, Kesselniethämmer, Kurvenscheiben, Maschinenbacken u. -messer, normale Muttermoletten, Nietstempel, Porzellanmatrizen, Preßscheiben, Schmiedesättel, Sensen, Sicheln, Schlägel, Schermesser, Scheren aller Art, Schrottmeißel, Schraubenzieher, Schnitte, Spannbacken und -patronen, Steinbearbeitungswerkzeuge für weiches Gestein, Tochtermoletten, Warmprofil- und Schmiedegesenke, Zangen u. dgl.

Q. SM-Werkzeug- und SM-Maschinenstähle
(s. die Tabelle auf der nächsten Seite).

Stahl 87: SM-Stahl, 90÷100 kg Festigkeit.

Verwendung: Ablaufplatten, Exzenterscheiben, Grobzähne, Kugeln (Farb- und Zementmühlen), Kugelmühlplatten, Polierhämmer, Reckstangen, Messer,

SM-Werkzeug- und SM-Maschinenstähle.

Analyse und Warmbehandlung.

Stahl Nr.	C %	Si %	Mn %	Schmieden °	Glühen °	h	kg Festigkeit	Härten °	Ablöschen	
87	0,80÷0,90	0,2÷0,4	0,6÷0,8	1000÷850	680÷710	1÷3	60÷70	800÷830	Öl	Abnehmende Festigkeit
88	0,6÷0,85	0,2÷0,4	0,6÷0,8	1050÷850	700÷720	1÷3	60÷70	800÷840 780÷820	Öl Wasser	
89	0,45÷0,65	0,2÷0,4	0,6÷0,8	1100÷850	700÷720	1÷3	60÷70	800÷850 800÷850	Öl Wasser	
90	0,3÷0,5	0,2÷0,4	0,4÷0,8	1100÷850	700÷720	1÷3	55÷65	820÷860	Wasser	

Schleifsohlen, Steinsägen, Warm(Preß-)gesenke, Warmwalzen, Walzdorne, Warmschermesser und -schnitte, Haarschneidmaschinen-, Mäh- und Zementabstreifmesser, große Mühlmagnete u. dgl.

Stahl 88: SM-Stahl, 75÷95 kg Festigkeit.

Verwendung: Äxte, Bajonettklingen, Bandstahl, Dung-, Koks- und Heugabeln für Ölhärtung, Federn, Futter-, Häcksel-, Stroh-, Leder-, Maschinenmesser, Hämmer und Hauen aller Art, Holzbearbeitungswerkzeuge, Kaltschlagmatrizen, Keile, Keilplatten für Sägen, Kugeln, Leisten, Lochwerkzeuge, Markierstempel, Roststäbe, Rührstangen, Schlägel, Schärfrollen, -plättchen, -scheiben, Schnitte, Steinbearbeitungswerkzeuge für hartes bis mittelhartes Gestein, Stanzen, Stockhämmereinsätze, Spindeln, Straßenbahnschienen, Waffenflußstahl, Warm- und Kaltschermesser, Warmgesenke, -dorne, -sägen, -preßgesenke, Wetzstahl für Metzger u. dgl.

Stahl 89: SM-Stahl, 65÷80 kg Festigkeit.

Verwendung: Amboßverstählstahl, Baggerbolzen, Bohrschuhe, Brechstangen, Dengelzeuge, Dolche, Dynamowellen, Eggenzähne, Erdbohrwerkzeuge, Feilen, Federn, Feuerzangen, Führungen, Gabeln aller Art (Wasserhärtung), Gewehrläufe, Gesteinswerkzeuge für weiches und mittelhartes Gestein, Groveringe, Hämmer aller Art, Hacken, Hauer, Holzbearbeitungswerkzeuge, Hufeisen, Kaltschlagmatrizen, Kaltschermesser, -schnitte, -lochwerkzeuge, Kammwalzen, Keile, Keilplatten, Kohlenpickel und -bohrer, Kettenlaschen, Korkzieher, Meßwerkzeuge, Messer aller Art, Mutterschlüssel, Pinzetten, Pflugschare und -balken, Raspen, billige Rasiermesser, Revolverläufe, Rollschuhe, Rutschen, Kluppenbacken, Sägenstammblätter, Säbelklingen, Sägenkeile, Sensen, Sichel, Scheren aller Art, Schlegel, Schlagleisten, Schlangenbohrer, Schleifsohlen, Schmiedesättel, Schrottmeißel, Schnitte, Schneckenwellen, Schuheinlagen, Schusterahlen, Stanzen, Stemmeisen, Spannzeuge, Spitzeisen, Steigeisen, Spaten, Straßenbahnschienen, Spindeln, Taschenfeitel, Treibkeile, Waffenflußstahl, Warmgesenke und -schermesser, Zangen aller Art, Zirkel, Zwecken u. dgl.

Stahl 90: SM-Stahl, 55÷70 kg Festigkeit.

Verwendung: Aschtrommel, Baggerkettenbolzen und -büchsen, Bandeisen, Bandagen, Beile, Feilen, Führungen, Führungsschlitten, Gabeln aller Art (Wasserhärtung), Holzbearbeitungswerkzeuge, Handhämmer und Hauen, Hufstollen, stumpfe chirurgische Instrumente, Meßwerkzeuge, Messer aller Art, Pflugschare und -sohlen, Raspen, Radreifen (Pferdewagen), Sicheln, Sensen, Revolverkästen, Sägebügel und -keile, Sägenstammblätter, Scheren aller Art, Schmiedewerkzeuge, Schlangenbohrer, Schraubenzieher, Schrottmeißel, Schlittschuhe, Schlittenkuven, Schweißstahl, Schürstangen, Steinbearbeitungswerkzeuge für weiches

Gestein, Spaten, Spindeln, Spannzeuge für Gatter, Warmmatrizen, Warmsägen, Wellen, Weichenzungen, Zwecken, Zangen aller Art u. dgl.

R. Gußlegierungen[1].
Analyse.

Stahl Nr.	C %	Si %	Mn %	W %	Cr %	Ni %	V %	Mo %	
91	1,5÷3,0	0,1÷0,6	0,2÷1,0	2÷4	15÷20	1÷2	0÷2	0÷3	Abnehmende Verschleiß- festigkeit
92	2,5÷3,2	÷0,4	0,2÷1,0	—	22÷30	0,5÷2	—	—	
				P	S				
93	3÷3,5	0,5÷1,0	0,4÷1,2	0,03÷0,12	0,04÷0,07	—	—	—	

Stahl 91: Cr-Ni-W-(Mo-V-)haltige Gußlegierung vorstehender Zusammensetzung, spröde, nicht schmiedbar, von hoher Warmbeständigkeit und Verschleißfestigkeit, hitzebeständig bis ~ 1000°, schlechter Wärmeleiter.

Verwendung: Kaltziehmatrizen und -eisen, Warmziehringe, Walzenstopfen, Pyrometerschutzrohre, Einsatzhärtekästen, Glühtöpfe, Härtetiegel u. dgl.

Stahl 92: Cr-Ni-Gußlegierung vorstehender Zusammensetzung, spröde, nicht schmiedbar, von hoher Warmbeständigkeit und Verschleißfestigkeit, hitzebeständig bis ~ 1100°, schlechter Wärmeleiter.

Verwendung: Wie Stahl 91.

Anmerkung zu Stählen 91 und 92: Gegossene Werkzeuge werden, wenn erforderlich, durch Schleifen bearbeitet. Sofern die Werkzeugform nur eine spangebende Formung zuläßt, werden die Teile bei ~ 780° $^1/_2$÷2 h geglüht. Gehärtet werden sie dann für Ziehwerkzeuge u. dgl. bei 920÷1000° in Öl oder Preßluft, oder dreifach warm behandelt: erhitzen 1000÷1040°, glühen 650°, härten 920÷1000° (ähnlich wie Stahl 40 S. 23).

Stahl 93: C-Gußlegierung (Schalenguß) vorstehender Zusammensetzung, nicht schmiedbar, hart und spröde.

Verwendung: Ziehmatrizen, seltener: Warmziehringe u. dgl.

V. Auswahl der Stähle.
A. Allgemeines.

Die Auswahl wird letzten Endes von der Wirtschaftlichkeit bestimmt, die selbst wieder von der Leistungsfähigkeit des Stahles einerseits und seinem Preis andererseits abhängt.

Die Ansichten über die Leistungsfähigkeit der verschiedenen Stähle gehen auch bei den Fachleuten mitunter recht weit auseinander. Das hat seinen Grund darin, daß der Stahl allein, seine Legierung und Vorbehandlung, nicht immer maßgebend ist, sondern, daß seine Behandlung (glühen, vergüten, härten) die Werkzeugform (Zahl und Anordnung der Schneiden, Winkel der Schneiden bzw. Form der Arbeitsflächen) und die Arbeitsbedingungen (Maschine, zu bearbeitender Werkstoff, Arbeitsgeschwindigkeit, Spanquerschnitt, Arbeitstemperatur usw.) wesentlich mitsprechen.

Allgemein steigt der Preis mit der Legierung, also von den einfachen Kohlenstoffstählen über die niedriglegierten und hochlegierten zu den stellitartigen Schneidmetallen und schließlich zu den Karbidschneidmetallen und Diamanten. Trotzdem hat in den letzten Jahren der Gebrauch von Schneidmetallen und auch wohl von Diamanten bedeutend zugenommen.

---

[1] Schneidmetalle siehe S. 15.

B. Auswahl für Warmpreßmatrizen und -gesenke, Spritzgußgesenke.

Stahl Nr.	C %	Si %	Mn %	W %	Cr %	Co %	V %	Schmieden °	Glühen	Härten °	Ablöschen	Anlassen °	Anlassen h	Verwendung
18	0,25÷0,35	0,2÷0,8	0,2÷0,4	8÷10	2÷3	2,5÷3,5	0,3÷0,5	1050÷850	770÷820	1080÷1120	Öl oder Luft	550÷600 oder	1/2÷6	Warmpreßmatrizen und -gesenke (Schlag-, Preß- und Schmiedebacken, Kopfstempel, Auswerfdorne) für die Großerzeugung von Schrauben, Bolzen, Muttern, Nieten u. dgl. Vergütet auf 130÷160 kg Festigkeit. Abnehmende Leistungen →
19	0,25÷0,35	0,2÷0,8	0,2÷0,4	10÷11	2÷3	Ni 1,5÷2,5	—	1050÷850	760÷800	1080÷1120	Öl oder Luft	670÷700	—	
20	0,25÷0,35	0,2÷0,8	0,2÷0,4	8÷10	2÷3	—	0,5÷1	1050÷850	760÷800	1050÷1100	Luft	—	—	
54	0,3÷0,5	0,5÷1,0	1÷1,5	1,5÷3,2	12÷13	12÷14	Mo	1050÷900	600÷640	1000÷1050	Öl	300÷400	1/2÷2	
55	0,2÷0,35	0,2÷0,6	0,6÷0,8	4÷4,5	0,7÷1,0	4÷4,5	0,7÷1	1050÷850	600÷640	820÷850	Öl	300÷400	1/2÷2	
56	0,25÷0,35	0,2÷0,6	0,4÷0,8	—	0,3÷0,7	4,8÷5,2	1,3÷1,7	1050÷850	620÷640	820÷850	Öl	350÷450÷350	÷1 1/2	
57	0,3÷0,4	0,15÷0,4	0,4÷0,8	0,8÷1,2	1,4÷1,7	4÷4,7	—	1100÷1000	580÷610	800÷840 830÷860	Öl PreßBl.	350÷450÷350	÷1	
58	0,3÷0,4	0,15÷0,4	0,4÷0,8	—	1,3÷1,7	4÷4,7	V	1100÷950	560÷590	800÷830 820÷850	Öl oder PreßBl.	350÷450÷350	÷1	
60	0,5÷0,6	0,2÷0,35	0,4÷0,8	0,4÷0,8	0,6÷1,4	3÷3,7	0÷0,5	1050÷900	610÷630	820÷850	PreßBl.	400÷500	÷1 1/2	
59	0,4÷0,5	0,2÷0,35	0,4÷0,8	0,8÷1,2	1,1÷1,7	3÷3,7	—	1100÷950	620÷640	800÷830 830÷860	Öl PreßBl.	350÷450÷350	÷1 1/2	
61	0,4÷0,5	0,2÷0,35	0,4÷0,8	—	1÷1,2	2,5÷3,0	Mo 0,2÷0,4	1100÷900	620÷640	820÷840 840÷870	Öl PreßBl.	400÷500÷350	÷1 1/2	
62	0,3÷0,4	0,2÷0,35	0,4÷0,8	—	0,8÷1,2	3÷3,7	—	1100÷950	630÷650	820÷840	Öl	300÷400	÷1	
63	0,5÷0,65	0,2÷0,4	0,6÷1,2	—	0,5÷1,0	1,5÷2,5	0,1÷0,4	1100÷950	620÷650	800÷840 840÷870	Öl Luft	440÷520 420÷500	÷2	
52	0,6÷0,75	0,15÷0,3	0,2÷0,4	5÷6	0,3÷1,1	V 0,2÷0,5	—	1200÷900	720÷740	780÷860	Wasser	240÷320	—	
21	0,47÷0,55	0,4÷0,8	0,3÷0,5	2,3÷2,7	1,2÷1,5	—	—	1050÷850	720÷750	950÷1050	Wasser	240÷320	—	
22	0,47÷0,55	0,6÷1,0	0,3÷0,5	1,8÷2,5	1÷1,3	—	—	1050÷850	700÷730	950÷1050	Wasser	240÷320	—	
23	0,27÷0,4	0,6÷1,0	0,3÷0,5	1,8÷2,5	1÷1,3	—	—	1050÷850	700÷730	950÷1050	Wasser	240÷320	—	
87	0,8÷0,9	0,2÷0,4	0,6÷0,8	SM-Stahl 90÷100 kg Festigkeit				1000÷850	680÷710	800÷830	Öl	240÷280	—	Spritzgußgesenke für Metallegiergn., vergüt. bis auf 170 kg Festigk.
88	0,6÷0,85	0,2÷0,4	0,6÷0,8	"	75÷95	"	"	1050÷850	700÷720	820÷840	Öl	240÷280	—	
89	0,45÷0,65	0,2÷0,4	0,6÷0,8	"	65÷80	"	"	1100÷850	700÷720	800÷850	Wasser	240÷280	—	
42	0,3÷0,42	0,15÷0,4	0,2÷0,4	—	13÷15	—	Mo 0÷0,5	1050÷900	760÷800	940÷980	Öl oder Wasser	500÷550	—	

Erläuterungen zu B.

Die warmarbeitenden Werkzeuge, wie Warmpreßmatrizen, Schlag-, Preß- und Schmiedebacken, Kopfstempel, Auswerfdorn (Auswerfstift) werden bei der Herstellung von Schrauben, Muttern, Bolzen u. dgl. verwendet, indem die auf $\sim 1150°$ erhitzten Teile unter Preß- oder Schlagdruck verformt werden. Die Arbeitsflächen der erhitzten Werkzeuge werden nach jedem verformten Preßstück meistens mit Wasser oder dgl. gekühlt. Der Arbeitsvorgang sowie die Erhitzung und Abkühlung der Arbeitsflächen wechseln in wenigen Sekunden.

In Preßgesenken werden Lagerschalen, Armaturen u. dgl. aus Kupfer, Bronze, Messing, Aluminium, Zink und ähnlichen Metallegierungen, die bis auf $\sim 650°$ erhitzt werden, unter Preßdruck von Spindelpressen verformt, wobei die mitunter sehr feinen und tiefen Gravuren, aber auch die etwa vorhandenen Fehlstellen, genau dem Preßgut übertragen werden. Der Arbeitsvorgang, Erhitzung und Abkühlung der Gesenke, ist der gleiche wie bei Preßmatrizen mit dem Unterschied, daß der bei niedrigen Temperaturen gepreßt wird, wobei die Gesenke weniger stark erwärmt werden.

In Spritzgußgesenken werden Formteile aller Art, Lagerschalen, Armaturen, Tür- und Fensterklinken u. dgl. aus Blei-, Zinn-, Aluminium-, Kupfer-, Zinklegierungen, durch Spritzen der flüssigen Legierung in die Spritzform, hergestellt. Die mitunter sehr feinen Gravuren, aber auch die etwa vorhandenen Fehlstellen der Spritzform, werden dem Spritzgut mitgegeben. Der Arbeitsvorgang, die Abkühlung und Erhitzung der Spritzform wechseln in wenigen Sekunden bzw. Minuten.

Die Werkzeuge, **Warmpreßmatrizen und -gesenke, Schlag-, Preß- und Schmiedebacken, Kopfstempel, Auswerfdorne** beanspruchen für höchste Dauerleistungen einen Stahl, der hohe Festigkeit bei Arbeitstemperaturen von $300 \div 600°$ hat, besonders unempfindlich gegen Volumänderungsrißbildung (hervorgerufen durch Temperaturschwankungen) ist, dabei zäh und widerstandsfähig gegen Abnutzung. Diese guten Eigenschaften haben vorwiegend die W-legierten Stähle $18 \div 20$ in vergütetem Zustande; wenig geringere Leistungen hat der Cr-Ni-Stahl 54. Für mittlere Leistungen werden Cr-Ni-Stähle $55 \div 63$ oder W-Stähle 52, $21 \div 23$ verwendet. Die SM-Stähle $87 \div 89$ werden für normale Leistungen oder dann verwendet, wenn die Stückzahl der zu pressenden Teile gering ist.

Spritzgußgesenke beanspruchen für höchste Dauerleistungen einen Stahl, der unempfindlich ist gegen Temperaturschwankungen bzw. beständig ist gegen Volumänderungsrißbildung. Die W-legierten Stähle $18 \div 20$ und auch Cr-Ni-Stahl 54 haben, wie oben angeführt, diese guten Eigenschaften in vergütetem Zustande. Diese Stähle werden in besonderem für Metallegierungen mit hohen Schmelzpunkten verwendet, während für geringere Leistungen oder für hohe Leistungen für Metallegierungen mit niedrigen Schmelzpunkten rostfreier Stahl 42 oder Cr-Ni-Stähle Gruppe $55 \div 60$ verwendet werden.

Beim Vergüten der Werkzeuge aus W-Stählen $18 \div 20$ und Cr-Ni-Stahl 54 ist folgendes zu beachten: Beim Anlassen (siehe auch Anmerkung Stähle $18 \div 20$, S. 18) ist das Werkzeug langsam und durchgreifend zu erwärmen, unbedingt dabei zu vermeiden, es in das schon auf Anlaßtemperatur erwärmte Bad oder den Ofen zu legen, weil hierdurch leicht Spannungsrisse entstehen. Durch langsames Anlassen: $550 \div 600°$, $3 \div 6$ h, werden Volumänderungsrißchen, die beim Arbeiten des Werkzeuges durch rasch wechselnde Temperaturen entstehen, auf das praktisch kleinste Maß beschränkt. Der gleiche Erfolg wird zwar auch erzielt, wenn Anlaßtemperaturen von $670 \div 700°$ verwendet werden. Hierbei ist der Anlaßvorgang nach Durchwärmung des Werkstückes (je nach Ofenbeschaffenheit und Werkzeuggröße in $1/2 \div 2$ h) beendet. Bei diesem Anlassen neigt allerdings die Festigkeit mehr zur unteren Grenze, wodurch aber die Bruchgefahr stark vermindert und die Zähigkeit erhöht wird. Spritzgußgesenke werden wegen der erforderlichen hohen Festigkeit $1/2 \div 2$ h, $550 \div 600°$ angelassen.

C. Auswahl für Warmprofilgesenke und Schmiedesättel.

Stahl Nr.	C %	Si %	Mn %	W %	Cr %	Ni %	V %	Schmieden °	Glühen °	Härten °	Ablöschen	Anlassen °	h	Verwendung
57	0,3÷0,4	0,15÷0,4	0,4÷0,8	0,8÷1,2	1,4÷1,7	4,0÷4,7	—	1100÷1000	580÷610	830÷860 820÷840	Preßl. Öl	450÷550 500÷600	1/2÷2	Große und mittlere Warmprofilgesenke für Fallhämmer.
58	0,3÷0,4	0,15÷0,4	0,4÷0,8	—	1,3÷1,7	4,0÷4,7	0÷0,5	1100÷950	560÷590	820÷850 800÷830	Preßl. Öl	400÷550 450÷600	1/2÷2	
59	0,4÷0,5	0,2÷0,35	0,4÷0,8	0,4÷0,8	1,1÷1,7	3÷3,7	—	1100÷950	620÷640	830÷860 800÷830	Preßl. Öl	400÷550 450÷600	1/2÷2	
60	0,5÷0,6	0,2÷0,35	0,4÷0,8	—	0,6÷1,4	3÷3,7	Mo	1050÷900	610÷630	820÷850	Preßl. Öl	500÷600	1/2÷2	
61	0,4÷0,5	0,2÷0,35	0,4÷0,8	0,8÷1,2	1÷1,2	2,5÷3,0	0,2÷0,4	1100÷900	620÷640	840÷870 820÷850	Preßl. Öl	400÷550 450÷600	1/2÷2	Große und mittlere Flachsättel.
62	0,3÷0,4	0,2÷0,35	0,4÷0,8	—	0,8÷1,2	3÷3,7	—	1100÷950	630÷650	820÷840	Öl	400÷500	1/2÷1	
63	0,5÷0,65	0,2÷0,4	0,6÷1,2	—	0,5÷1,0	1,5÷2,5	0,1÷0,4	1100÷950	620÷650	840÷870 800÷830	Luft Öl	420÷480 480÷520	1÷2	
64	0,65÷0,75	0,2÷0,4	0,6÷1,0	—	0÷0,5	0÷0,5	—	1150÷900	—	780÷820	Luft	—	—	
88	0,6÷0,85	0,2÷0,4	0,6÷0,8	SM-Stahl 75÷95 kg Festigkeit				1050÷850	700÷720	800÷830	Luft	—	—	
67	0,4÷0,55	0,2÷0,4	0,8÷1,2	SM-Stahl ~ 80 kg Festigkeit				1000÷800	630÷680	800÷840 750÷800	Luft Wasser	320÷360	—	
89	0,45÷0,65	0,2÷0,4	0,6÷0,8	SM-Stahl 65÷80 kg Festigkeit				1100÷850	700÷720	800÷840 760÷800	Luft Wasser	320÷360	—	
90	0,3÷0,5	0,2÷0,4	0,4÷0,8	SM-Stahl 55÷70 kg Festigkeit				1100÷850	700÷720	820÷860	Wasser	300÷350	—	
52	0,6÷0,75	0,15÷0,3	0,2÷0,4	5÷6	0,3÷1,1	—	—	1200÷900	720÷740	800÷860	Wasser	240÷280	—	
80	0,9÷1,1	0,15÷0,3	0,15÷0,35	0,8÷1,0	—	0,8÷1,0	—	950÷850	680÷700	820÷840	Wasser	240÷280	—	Kleine Profilgesenke für Fallhämmer u. dgl.[1], kleine Flach- u. Profilsättel.
28	0,6÷0,7	0,15÷0,25	0,2÷0,4	0,6÷0,8	—	—	—	1000÷800	710÷730	800÷840	Wasser	240÷280	—	
85	0,75÷0,9	0,15÷0,3	0,2÷0,4	—	—	—	—	1000÷800	690÷720	800÷820	Wasser	240÷280	—	
86	0,6÷0,75	0,15÷0,3	0,2÷0,4	—	—	—	—	1000÷800	700÷720	820÷840	Wasser	240÷280	—	
29	1,8÷2,2	0,2÷0,4	0,2÷0,4	0÷1,3	11÷13	—	—	950÷850	780÷800	920÷1000	Preßl.	220÷260	—	Verschleißfeste Flachsättelhammereinsätze bis 1000 kg Bärgewicht.

Abnehmende Leistungen →

[1] Siehe auch Zementstahl S. 14 und unlegierte C-Stähle S. 8.

Erläuterungen zu C.

In Warmprofilgesenken werden Formteile aller Art für Maschinenbau, Automobilbau usw. geschmiedet. Die Werkzeuge werden beansprucht auf Schlag, Druck und Verschleiß (Abnutzung) bei Arbeitstemperaturen bis $\sim 400°$. Einige Gesenke werden gekühlt, wodurch die Beanspruchung auf Temperaturschwankungen bzw. Volumänderungsrißbildung noch hinzukommt.

Die Auswahl der Stähle richtet sich nach der Größe des zu schlagenden Werkstückes, seiner Stahllegierung, der Schmiedetemperatur, dem Schmiededruck bzw. der Stärke des Hammers und der zu schlagenden Stückzahl.

Für große und mittelgroße Gesenke, die harte und zähe Cr-Ni-Formteile u. dgl. herstellen und bei engen Schmiedetoleranzen größte Lebensdauer haben sollen, werden Cr-Ni-Stähle $57 \div 63$, mit zunehmender Größe, vergütet auf $120 \div 90$ kg Festigkeit verwendet, für normale Leistungen oder weichere Schmiedestücke SM-Stähle $88 \div 90$ und 64, luftgehärtet oder vergütet auf $80 \div 95$ kg Festigkeit. Die Gesenkgravur wird meist im vergüteten oder luftgehärteten Zustande eingearbeitet.

Größere Gesenke müssen aus genügend durchgeschmiedeten Blöcken hergestellt sein, andernfalls frühzeitiges Reißen beim Arbeiten zu befürchten ist. Um die Lebensdauer der vergüteten Gesenke zu erhöhen, geht man immer mehr dazu über, einzelne Stellen, die stärkstem Verschleiß unterworfen sind, oder aber die ganze Gesenkgravur mit Stellit, Stahl 3, zu überziehen.

Kleinere Schmiedestücke erfordern Gesenke mit höherer Härte als große und dickfleischige Stücke. Es werden meist nur gehärtete Gesenke, in die die Gravur vor dem Härten eingraviert wird, verwendet, und zwar für höchste Anforderungen W-Stahl 52, für mittlere Anforderungen: W-Ni-Stahl 80 und W-Stahl 28, für normale Anforderungen: C-Stähle $85 \div 86$. Für Gesenke für Schmiedemaschinen werden dieselben Stähle mit gleichen Festigkeiten verwandt wie unter Warmpreßmatrizen angeführt.

Bei Warmgesenken aus Wasserhärterstahl, hergestellt aus großen Blöcken, begünstigt die mitunter stark vorhandene Faserstruktur (hervorgerufen durch schlecht verschweißte Lunker oder Gasblasen, Schlackenteilchen u. dgl.) die Härterißbildung oder aber ein frühzeitiges Reißen der Gesenke beim Arbeiten. Dieses Reißen läßt sich praktisch auf das kleinste Maß beschränken, indem die Gesenkgravur quer zur Faser (Schmiederichtung) gelegt wird.

Schmiedesättel: Flach (Breit- und Schlicht-)sättel dienen zum Vor- und Fertigschmieden von □ ▱ Stangen und zum Vorschmieden von Rundstangen, Profilsättel zum Fertigschmieden von △ und sonstigen Profilstangen. Die Schmiedesättel werden beansprucht durch wechselnde starke Schläge und auf Abnutzung bei Arbeitstemperaturen bis $\sim 350°$. Die Auswahl der Stähle ist abhängig von Hammergewicht und -schlagkraft, dem zu verarbeitenden Werkstoff, der Schmiedetemperatur und der gewünschten Lebensdauer.

Für massive große Flachsättel, für Hämmer über ~ 1000 kg Bärgewicht, kommen für höchste Dauerleistungen Cr-Ni-Stähle $57 \div 63$, mit abnehmender Größe auf $90 \div 120$ kg Festigkeit vergütet, in Frage, für normale Leistungen SM-Stähle $64 \div 90$, luftgehärtet oder vergütet auf $70 \div 95$ kg Festigkeit.

Für kleinere Flachsättel-Einsätze für Hämmer bis ~ 1000 kg Bärgewicht, werden für höchste Dauerleistungen Cr-Stahl 29, für mittlere Leistungen W-Stähle 52, 80 und 28, für normale Leistungen C-Stähle 85 und 86 verwandt.

Für kleine Profilsättel für Hämmereinsätze bis ~ 1000 kg Bärgewicht, werden für höchste Dauerleistungen gehärteter W-Stahl 52, für mittlere Leistungen W-Stähle 80 und 28, für normale Leistungen C-Stähle 85 und 86 verwendet.

D. Auswahl für Warmdorne, -ziehringe, Walzstopfen.

Stahl Nr.	C %	Si %	Mn %	W %	Cr %	Co %	V %	Mo %	Ni %	Ta %	Ablöschen	Anlassen °	h	Verwendung:
2a	÷6	—	—	÷96	—	÷6	—	—	—	—		gesinterte Legierungen		Warmziehringe Walzstopfen höchster Leistungsfähigkeit
2b	÷6	—	—	10÷20	20÷30	30÷50	—	0÷10	0÷15	—				
3	2÷6	—	—	2÷4	15÷20	—	—	0÷3	1÷2	—		gegossene Legierungen		
91	1,5÷3,0	0,1÷0,6	0,2÷1,0	—	22÷30	—	—	—	0,5÷2,0	—	Ablöschen			Warmziehringe, -ziehdorne, Warmpreßdorne, -scheiben, -matrizen, Warmwalzdorne, Walzstopfen, Rezipientenbüchsen
92	2,5÷3,2	÷0,4	0,2÷1,0	—	—	—	—	Schmieden °	Glühen	Härten °				
18	0,25÷0,35	0,2÷0,8	0,2÷0,4	8÷10	2,0÷3,0	2,5÷3,5 Ni	0,3÷0,5	1050÷850	770÷820	1080÷1120	Öl oder Luft	550÷600	1/2÷6	
19	0,25÷0,35	0,2÷0,8	0,2÷0,4	10÷11	2,0÷3,0	1,5÷2,5	—	1050÷850	760÷800	1080÷1120	Öl oder Luft	oder		
20	0,25÷0,35	0,2÷0,8	0,2÷0,4	8÷10	2,0÷3,0	Mo	0,5÷1,0	1050÷850	760÷800	1050÷1100	Öl	670÷700		
13	0,6÷0,75	0,1÷0,3	0,2÷0,4	16÷19	3,5÷5,0	0÷0,6	0,2÷0,6	1150÷900	780÷800	1230÷1280	Öl oder Luft	600÷650	1/2	Warmziehdorne, -walzdorne, -ziehringe
14	0,55÷0,75	0,1÷0,3	0,2÷0,4	11÷14	3,5÷4,5	0÷2 Ni	0÷0,7	1100÷900	780÷800	1200÷1260	Öl	600÷650	1/2	
54	0,3÷0,5	0,5÷1,0	1÷1,5	1,5÷3,2	12÷13	12÷14 Mo	—	1050÷900	600÷640	1000÷1050	Luft	—	—	wie Stahl 18÷20
55	0,2÷0,35	0,2÷0,6	0,6÷0,8	4÷4,5	0,7÷1,0	4÷4,5	0,7÷1,0	1050÷850	600÷640	820÷850	Öl	400÷550	÷1	Warmziehdorne, -walzdorne, -ziehringe
56	0,25÷0,35	0,2÷0,6	0,4÷0,8	—	0,3÷0,7	4,8÷5,2	1,3÷1,7	1050÷850	620÷640	820÷850	Öl	400÷550	÷2	
57	0,3÷0,4	0,15÷0,4	0,4÷0,8	0,8÷1,2	1,4÷1,7	4÷4,7	V	1100÷1000	580÷610	800÷840 830÷860	Öl	350÷450 300÷400	÷2 ÷2	Warmpreßdorne, -stempel, -scheiben, -matrizen, Rezipientenbüchsen
58	0,3÷0,4	0,15÷0,4	0,4÷0,8	—	1,3÷1,7	4÷4,7	0÷0,5	1100÷950	560÷590	800÷830 820÷850	Preßluft	350÷450 300÷400	÷2 ÷2	
60	0,5÷0,6	0,2÷0,35	0,4÷0,8	—	0,6÷1,4	3÷3,7	Mo	1050÷900	610÷630	820÷850	Preßluft	400÷500	÷2	(vergütet auf 140÷ 160 kg Festigkeit)
61	0,4÷0,5	0,2÷0,35	0,4÷0,8	0,8÷1,2	1÷1,2	2,5÷3	0,2÷0,4	1100÷900	620÷640	840÷870	Preßluft	300÷400	÷2	Warmziehdorne, -ziehringe, -preßdorne, -stempel
62	0,3÷0,4	0,2÷0,35	0,4÷0,8	—	0,8÷1,2	3÷3,7	—	1100÷950	630÷650	820÷840	Öl	300÷400	÷2	
29	1,8÷2,2	0,2÷0,4	0,2÷0,4	0÷1,3	11÷13	—	—	1100÷850	780÷800	920÷1000	Öl oder Luft	280÷320	—	
66	0,45÷0,6	0,2÷0,8	1,7÷2,2	SM-Stahl 90÷100 kg Festigkeit				950÷800	600÷650	800÷830	Öl	220÷280	—	
87	0,8÷0,9	0,2÷0,4	0,6÷0,8	„ 75÷95 „				1000÷850	680÷710	800÷830	Öl	280÷320	—	
88	0,6÷0,85	0,2÷0,4	0,6÷0,8	„ „ „				1050÷850	700÷720	800÷840	Öl	280÷320	—	

Abnehmende Leistungen →

Erläuterungen zu D.

In Strangpressen werden Kupfer, Zink, Zinn, Aluminium, Blei, deren Legierungen u. dgl. warm durch hohen Druck in Strangform, wie einfache Stangen, Rohre, Profilstangen aller Art übergeführt. In Ziehpressen und Rohrwalzen werden Granaten, Härtetiegel, Pufferhülsen, nahtlose Rohre u. dgl., in Ziehbänken bzw. -klötzen, W-Ta-Glühlampenfäden u. dgl. warm gezogen.

Die weiter unten angeführten Werkzeuge werden beansprucht auf Verschleiß (Abnutzung) bei Arbeitstemperaturen bis $\sim 600°$ und, je nach dem Arbeitsverfahren, auf Druck (Knickung), Zug, Biegung und einige Werkzeuge außerdem auf schroffe und schnelle Temperaturwechsel durch Kühlwasser u. dgl.

Die Auswahl der Stähle ist abhängig von den Abmessungen, der Druck- und Stoßbeanspruchung, der Arbeitstemperatur, dem schnellen oder langsamen Temperaturwechsel durch Kühlmittel und der gewünschten Lebensdauer.

Für die Strangpreßwerkzeuge: **Matrize, Dorn, Druckscheibe, Rezipientenbüchse** werden für höchste Dauerleistungen bei Verarbeitung von hocherhitzten Metallen (wie Kupfer, Bronze u. dgl.) W-Stähle 18÷20 und Cr-Ni-Stahl 54, für mittlere oder hohe Leistungen bei Verarbeitung von Metallen mit niedrigen Schmelzpunkten (wie Zink, Zinn, Blei u. dgl.) Cr-Ni-Stähle 55÷62, vergütet auf 140÷160 kg Festigkeit, verwendet. Der **Preßstempel**, der hauptsächlich zur Druckübertragung dient, wird für höchste Leistungen aus Cr-Ni-Stählen 55÷62 hergestellt, für normale Leistungen aus SM-Stählen 87 und 88, vergütet auf 140÷160 kg Festigkeit.

Für die Zieh-, Ziehpreß- und Rohrwalzwerkzeuge kommen für gegossene oder gesinterte **Walzstopfen** und **kleine Warmziehringe** höchster und abnehmender Leistungen Stähle 2, 3, 91 und 92, warmverformt: Stähle 13 und 14 (außer Walzstopfen; die höherwertigen Schnellstähle 4÷12 werden weniger verwendet) und 18÷20 in Frage; für **Preß- und Ziehdorne, mittlere und große Ziehringe (Ziehmatrizen), Walzdorne (Pilgerdorne)** Stähle 18÷20 (außer Preßdorne 13 und 14), 54÷62, 29, 66÷88. Die Stähle 2, 3, 91, 92, 13, 14 und 29 sind hart, empfindlich bei schnellem und schroffem Temperaturwechsel und bei Knickbeanspruchung. Zur Erhöhung der Leistungsfähigkeit werden an einigen vorgenannten Werkzeugen, aus SM- oder Cr-Ni-Stählen die besonders starkem Verschleiß ausgesetzten Stellen, mit Stellit, Stahl 3, überzogen. (Vergüten der W-Stähle 18÷20 s. S. 36.)

Erläuterungen zu E.

Warmschermesser und **-schnitte** werden zum Schneiden bzw. Abscheren, **Lochwerkzeuge** zum Lochen von warmen Werkstoffen verwendet. Die Werkzeuge werden beansprucht: durch Abnutzung, durch Temperaturschwankungen infolge der Kühlmittel, auf Druck und große Werkzeuge außerdem auf Biegung. Das Obermesser bzw. der Oberstempel wird stärker beansprucht als Untermesser bzw. -stempel.

Die Auswahl der Stähle ist abhängig von der Werkzeugform und -größe, dem zu verarbeitenden Werkstoff, der Arbeitstemperatur und der gewünschten Schneidhaltigkeit.

Für **große und mittlere Schermesser und Schnitte** sind für höchste Dauerleistungen Stähle nötig, die hart und zäh, widerstandsfähig gegen Abnutzung und unempfindlich gegen Kühlmittel sind. Diese Eigenschaften haben die vergüteten W-Stähle 18÷20. Für mittlere Leistungen kommen Dauerstähle

E. Auswahl für Warmschermesser, -schnitte und -lochwerkzeuge.

Stahl Nr.	C %	Si %	Mn %	W %	Cr %	V %	Mo %	Schmieden °	Glühen °	Härten °	Ablöschen	Anlassen °	h	Verwendung
13	0,60÷0,75	0,15÷0,30	0,2÷0,4	16÷19	3,5÷5,0	0,2÷0,6	0÷0,6	1150÷900	780÷800	1230÷1280	Luft, Öl od. Metallacken	560÷620	¼÷¾	*Warmschermesser, -schnitte u. -lochwerkzeuge* — kleiner Abmessungen (hart und stoßempfindlich)
14	0,55÷0,75	0,15÷0,30	0,2÷0,4	11÷14	3,5÷4,5	0÷0,7	0÷2 Co	1100÷900	780÷800	1200÷1260	Luft, Öl od. Metallacken	560÷620	¼÷¾	
18	0,25÷0,35	0,2÷0,8	0,2÷0,4	8÷10	2÷3	0,3÷0,5 Ni	2,5÷3,5	1050÷850	770÷820	1080÷1120	ruh. Luft oder Öl	550÷600	½÷2	vergütet auf 150÷165 kg Festigkeit bis zu größten Abmessungen; zäh, unempfindlich und unverwüstlich
19	0,25÷0,35	0,2÷0,8	0,2÷0,4	10÷11	2÷3	1,5÷2,5	V	1050÷850	760÷800	1080÷1120	ruh. Luft oder Öl	550÷600	½÷2	vergütet auf 140÷160 kg Festigkeit bis zu mittelgroßen Abmessungen; zäh und ziemlich unempfindlich
20	0,25÷0,35	0,2÷0,8	0,2÷0,4	8÷10	2÷3	—	0,5÷1,0	1050÷850	760÷800	1050÷1100	Öl	550÷600	½÷2	
21	0,47÷0,55	0,4÷0,8	0,3÷0,5	2,3÷2,7	1,2÷1,5	—	0,2÷0,5	1050÷850	720÷750	840÷880	Öl	260÷320	—	
22	0,47÷0,55	0,6÷1,0	0,3÷0,5	1,8÷2,5	1÷1,3	—	—	1050÷850	700÷730	820÷850	Öl	260÷320	—	
23	0,27÷0,4	0,6÷1,0	0,3÷0,5	1,8÷2,5	1÷1,3	—	—	1050÷850	700÷730	800÷900	Wasser	260÷320	—	
57	0,3÷0,4	0,15÷0,4	0,4÷0,8	0,8÷1,2	1,4÷1,7	4÷4,7	—	1100÷1000	580÷610	820÷860	Preßluft oder Öl	300÷350	÷½	Warmschermesser bis zu mittelgroßen Abmessungen, die besonders zähe sein müssen vergütet auf 120÷160 kg Festigkeit
58	0,3÷0,4	0,15÷0,4	0,4÷0,8	—	1,3÷1,7	4÷4,7	—	1100÷950	560÷590	820÷850	Preßluft oder Öl	250÷350	÷½	
59	0,4÷0,5	0,2÷0,35	0,4÷0,8	0,4÷0,8	1,1÷1,7	3÷3,7	0÷0,5 Mo	1100÷950	620÷640	800÷830	Preßluft oder Öl	250÷350	÷½	
61	0,4÷0,5	0,2÷0,35	0,4÷0,8	0,8÷1,2	1÷1,2	2,5÷3,0	0,2÷0,4	1100÷900	620÷640	800÷840	Öl	250÷350	÷½	
62	0,3÷0,4	0,2÷0,35	0,4÷0,8	—	0,8÷1,2	3÷3,7	—	1100÷950	630÷650	820÷840	Öl	250÷350	÷½	
87	0,8÷0,9	0,2÷0,4	0,6÷0,8	SM-Stahl	90÷100 kg Festigk.			1000÷850	680÷710	800÷820	Öl	400÷500	÷½	kleine Warmschermesser, -schnitte, -lochwerkzeuge normaler Beanspruchung
88	0,6÷0,85	0,2÷0,4	0,6÷0,8	,,	75÷95	,,	,,	1050÷850	700÷720	800÷840	Öl	350÷450	÷½	
67	0,4÷0,55	0,2÷0,4	0,8÷1,2	,,	70÷90	,,	,,	1000÷800	630÷680	800÷840	Öl	350÷450	÷¼	

Abnehmende Schneidhaltigkeit →

21÷23 und für Schermesser, die besonders hoch auf Zähigkeit beansprucht werden, Cr-Ni-Stähle 57÷62 in Frage. Für normale Leistungen werden SM-Stähle 67, 87 und 88 verwandt.

Für kleine Schermesser, Schnitte, ferner für Lochwerkzeuge werden für höchste Dauerleistungen Schnellstähle 13 und 14 verwendet. Diese Stähle sind hart und stoßempfindlich, dürfen infolgedessen nicht auf Biegung beansprucht werden. Sofern Biegungsbeanspruchungen vorkommen, sind die zäheren W-Stähle 18÷20 vorzuziehen. Die W-legierten Dauerstähle 21÷23 kommen für mittlere Leistungen, die SM-Stähle 87, 88 und 67 für normale Leistungen in Frage.

Um die Schneidhaltigkeit dieser Werkzeuge aus SM- oder Cr-Ni-Stählen zu erhöhen, werden ihre Arbeitsflächen bzw. -kanten mit Stellit, Stahl 3, überzogen. Eine Kühlung dieser Werkzeuge mit Wasser ist nicht erforderlich und wegen Rißbildung zu vermeiden. (Vergüten der W-Stähle 18÷20 s. S. 36.)

Erläuterungen zu F.

In Kaltpreßmatrizen (auch Preßstanzen genannt), werden kleine Kugeln, Muttern, Nieten, Schrauben u. dgl. kalt durch Preßdruck geformt, indem der zu verarbeitende Werkstoff die Preßform voll ausfüllt und das Preßgut ohne oder mit möglichst wenig Grat ausfällt. Das Werkzeug wird beansprucht auf Verschleiß, wechselnde Stöße und Drücke und bei Gratbildung außerdem stärker auf Zähigkeit.

Die Auswahl der Stähle ist abhängig von der Werkzeugform und -größe, dem zu verarbeitenden Werkstoff, der Gratbildung, dem Preßdruck und der gewünschten Leistung (Stückzahl).

Für große und mittelgroßes Preßgut, auch mit Gratbildung, werden für höchste Leistungen Cr-Ni-Stähle 57÷61 oder auch wohl Dauerstähle 21 und 22, für mittlere Leistungen W- und Cr-Stähle 80, 36, 38, für normale Leistungen C-Stähle 79÷85, weniger SM-Stähle 88 und 89 verwendet. Für kleineres Preßgut kommen mit abnehmenden Leistungen die Stähle 29, 21, 22, 80, 53÷85, weniger SM-Stähle 88 und 89 in Frage.

In Kaltschlagmatrizen werden Drahtstifte, Nadeln u. dgl. hergestellt, wobei der zu verarbeitende Werkstoff teilweise verformt und teilweise als überschüssiger Werkstoff (Schrott) abgeschieden wird. Das Werkzeug wird beansprucht auf Verschleiß, Schlag und Zähigkeit. Die Auswahl der Stähle ist abhängig von der Werkzeugform und -größe, der Schlagkraft und dem zu verarbeitenden Werkstoff.

Für kleine Matrizen werden, mit abnehmenden Leistungen, die Stähle 29÷35, für größere Matrizen die Stähle 80, 36÷85, weniger SM-Stähle 88 und 89 verwendet.

Kaltwalzen dienen zum Auswalzen von Eisen, Stahl, Metallegierungen u. dgl. Die Walzen müssen sehr hart, verschleißfest, schleif- und polierfähig und genügend zäh sein. Für kleine Kaltwalzen werden, mit abnehmender Verschleißfestigkeit, Stähle 29÷35, 80, 36÷85, weniger SM-Stähle 88 und 89 verwendet, wobei die Achse bei durchhärtenden Cr-Stählen aus SM oder Cr-Ni-Stählen besteht. Große oder mittlere Kaltwalzen sind meist ganz aus Stahl und meistens nur an den Arbeitsflächen gehärtet. Hierfür werden, mit abnehmender Leistungsfähigkeit, die Stähle 80, 53÷85, verwendet[1].

Stanzen: In Flachstanzen (Planierstanzen) werden Blechteile gerichtet oder aufgerauht, in Prägestanzen (Besteckstanzen-Pfaffen) Schmuckgegenstände, Münzen, Bestecke u. dgl. ohne Grat umgeformt, in Formstanzen meistens schon vorgestanzte Blechteile weiter (teilweise) umgeformt. Die Werkzeuge werden

---

[1] Kaltwalzen aus Riffelstählen 15÷17, mit einem Cr-Gehalt von 1÷1,5% sind durch DRP. 562829 vom 22. Febr. 1931 geschützt.

F. Auswahl für Kaltpreß- und Kaltschlagmatrizen, Kaltwalzen, Stanzen.

Stahl Nr.	C %	Si %	Mn %	W %	Cr %	V %	Schmieden °	Glühen °	Härten °	Ablöschen	Anlassen °	h		Verwendung
21	0,47÷0,55	0,40÷0,80	0,30÷0,50	2,3÷2,7	1,2÷1,5	0,2÷0,5	1050÷850	720÷750	820÷880	Öl	÷220	—	↓	Kleine Kaltpreßmatrizen für Muttern-, Schrauben-, Nieten-, Nadeln-, Drahtstiften-, Kugelnfabrikation u. dgl.
22	0,47÷0,55	0,6÷1,0	0,30÷0,50	1,8÷2,5	1,0÷1,3	Ni 4÷4,7	1050÷850	700÷730	820÷850	Öl	÷220	—	↓	
57	0,3÷0,4	0,15÷0,4	0,4÷0,8	0,8÷1,2 V	1,4÷1,7	4÷4,7	1100÷1000	580÷610	830÷860	Preßl.	180÷220	1÷2	↓	Form-, Preß-, Prägestanzen bis größter Bauart bei Verarbeitung von hartem Preßgut (für Plaketten, Münzen, Medaillen, Bestecke, Bijouteriewaren u. dgl.), Flachstanzen
58	0,3÷0,4	0,15÷0,4	0,4÷0,8	0÷0,5 W	1,3÷1,7	3÷3,7	1100÷950	560÷590	820÷850	Preßl.	180÷220	1÷2	↓	
59	0,4÷0,5	0,2÷0,35	0,4÷0,8	0,4÷0,8 W	1,1÷1,7	3÷3,7	1100÷950	620÷640	830÷860	Preßl.	180÷220	1÷2	↓	
60	0,5÷0,6	0,2÷0,35	0,4÷0,8	—	0,6÷1,4	2,5÷3,0	1050÷900	610÷630	820÷850	Preßl.	180÷220	1÷2	↓	
61	0,4÷0,5	0,2÷0,35	0,4÷0,8	0,8÷1,2 Mo 0,2÷0,4 W	1÷1,2	2,5÷3,0 V 0÷0,5	1100÷900	620÷640	840÷870	Preßl.	180÷220	1÷2	↓	
15	1,3÷1,5	0,15÷0,4	0,15÷0,4	7÷8	0,3÷0,6	—	950÷850	700÷720	780÷820	Wasser	180÷220	—		Drückwerkzeuge, Biegestanzen
16	1,1÷1,4	0,15÷0,4	0,15÷0,4	6÷7	0,3÷1,0	—	950÷800	700÷720	780÷820	Wasser	180÷220	—		
17	1,1÷1,4	0,15÷0,3	0,15÷0,35	4,2÷5,2	0,3÷0,6	Ni 0,8÷1,0	950÷800	700÷720	780÷820	Wasser	180÷220	—		
80	0,9÷1,1	0,15÷0,3	0,15÷0,35	0,8÷1,0	—		950÷850	680÷700	820÷840	Wasser	180÷220	—		Form-, Flach-, Preß-, Präge-, Rollenstanzen (Planierrollen), Prägestempel
29	1,8÷2,2	0,20÷0,40	0,2÷0,4	0÷1,3	11÷13	—	950÷850	780÷800	920÷1000	Öl oder Preßluft	180÷220	—		
53	0,9÷1,05	0,15÷0,3	0,2÷0,4	—	2÷2,3	—	950÷800	730÷760	820÷850 780÷820	Öl oder Wasser	180÷220	—		
34	0,85÷1,1	0,1÷0,3	0,2÷0,4	Mo 0÷0,4	1,6÷1,85	—	950÷800	730÷760	830÷860 780÷820	Öl oder Wasser	180÷220	—		
35	0,85÷1,1	0,1÷0,3	0,2÷0,4	0÷0,4	1,3÷1,6	—	950÷800	730÷760	830÷860 780÷820	Öl oder Wasser	180÷220	—		
36	0,85÷1,05	0,1÷0,3	0,2÷0,4	0÷0,4	0,6÷1,1	—	1000÷850	700÷730	780÷820	Wasser	180÷220	—		
38	1,35÷1,65	0,2÷0,3	0,2÷0,4	— W	0,4÷0,75	—	950÷850	710÷730	780÷820	Wasser	180÷220	—		
79	1,2÷1,4	0,15÷0,3	0,2÷0,4	0÷0,2	0,2÷0,5	—	900÷800	700÷720	760÷820	Wasser	180÷220	—		Kaltwalzen
82	1,2÷1,35	0,15÷0,3	0,2÷0,4	—	—	—	950÷850	680÷710	760÷820	Wasser	180÷220	—		
83	1,05÷1,20	0,15÷0,3	0,2÷0,4	—	—	—	950÷850	680÷710	770÷820	Wasser	180÷220	—		
84	0,9÷1,05	0,15÷0,3	0,2÷0,4	—	—	—	1000÷800	680÷710	780÷820	Wasser	180÷220	—		
85	0,75÷0,9	0,15÷0,3	0,2÷0,4	—	—	—	1000÷800	690÷720	800÷820	Wasser	180÷220	—		
88	0,6÷0,85	0,2÷0,4	0,6÷0,8	SM-Stahl 75÷95 kg Festigkeit			1050÷850	700÷720	780÷820 800÷840	Wasser Öl	180÷220	—		S. auch Zementstahl S. 14 u. unlegierte Stähle S. 8
89	0,45÷0,65	0,2÷0,4	0,6÷0,8	SM-Stahl 65÷80 kg Festigkeit			1100÷850	700÷720	800÷850	Wasser oder Öl	180÷220	—		

Abnehmende Leistungen →

beansprucht auf Schlag, Druck und Abnutzung. Die Stähle dafür müssen verschleißfest, widerstandsfähig gegen Eindrücken und große Teile auch noch zähe sein. Für große und mittlere Stanzen werden mit abnehmenden Leistungen verwendet: Cr-Ni-Stähle 57÷61, Stähle 80, 53÷85 (weniger SM-Stähle 88 und 89), für kleine Stanzen Stähle 29, 80, 53÷85.

Bei Stanzen mit empfindlichen Gravuren, wird die Gravur beim Erhitzen auf Härtetemperatur, sofern nicht im Salzbad erhitzt wird, durch Holzkohle oder Salze vor Zunder geschützt. Um ein vorzeitiges Brechen großer Stanzen zu verhindern, wird die Auflageseite geschliffen.

In Rollenstanzen (Planierrollen) werden Blechteile (durch Wulstbildung) teilweise gerollt, wobei der Oberstempel hauptsächlich arbeitet, in Biegestanzen Blechteile hauptsächlich winklig gebogen; in Drückwerkzeugen werden unter Umlauf Blechteile umgeformt, wobei der Werkstoff teils gestaucht, teils gestreckt wird. Beansprucht werden diese Stanzen hauptsächlich auf Verschleiß. Für abnehmende Leistungen werden für Drückwerkzeuge und Biegestanzen Stähle 15÷17, außerdem auch für Rollenstanzen Stähle 29, 80, 53÷85, weniger SM-Stähle 88 und 89 verwendet.

Erläuterungen zu G.

In Kaltziehmatrizen und -eisen werden meist durch Beizen gereinigte Stangen, Wellen, Drähte, Rohre u. dgl. aus Eisen, Stahl oder Metallen, auch unter Einhaltung geringster Maßtoleranzen, unter stetiger Schmierung, blank gezogen bzw. kalt verformt. Die Konstruktion der Ziehwerkzeuge muß ein gleichmäßiges Fließen des Werkstoffes ermöglichen, andernfalls leicht Risse auftreten (siehe auch gezogene Stähle S. 13).

Die Werkzeuge werden beansprucht auf Verschleiß (Abnutzung) und Zähigkeit. Die Auswahl der Stähle ist abhängig von der Werkzeugform und -größe, dem zu verarbeitenden Werkstoff, der Ziehgeschwindigkeit und der gewünschten Maßbeständigkeit bzw. Stückzahl. Für Ziehwerkzeuge aus gesinterten und gegossenen Stählen werden für höchste Dauerleistungen Stähle 2, 3, 91 und 92 verwendet, die größten Widerstand gegen Abnutzung, höchste Härte, aber geringe Zähigkeit haben. Bei größeren und mittleren Ziehwerkzeugen werden nur die Arbeitsflächen (Ziehdüse) mit Schneidmetall 2 und 3 überzogen. Kleine Ziehwerkzeuge bestehen meist ganz aus Schneidmetall, das in zähe Stahlformen erschütterungsfrei eingefaßt wird. Ziehwerkzeuge aus Gußlegierungen 91 und 92 bestehen ganz aus diesem Werkstoff, jedoch werden wegen seiner Sprödigkeit größere Werkzeuge zwischen zähe Stahlplatten gespannt.

Für Matrizen aus geschmiedetem oder gewalztem Stahl werden, mit abnehmenden Leistungen, Stähle 15÷29 und 30÷83 (Schalenguß Stahl 93 für normale Leistungen) verwendet.

Für Zieheisen aus geschmiedetem Stahl kommen für höchste Leistungen Cr-Stahl 29, weniger W-Stähle 15÷52, für geringere, abnehmende Leistungen, Stähle 30÷83 in Frage.

Durch Ziehring und Ziehstempel werden flache Blechteile in Hohlkörper, wie Gehäuse, Becher, Patronen u. dgl. umgeformt unter mehr oder weniger erheblicher Werkstoffwanderung ohne Veränderung der Blechdicken. Die Werkstoffe für diese Werkzeuge müssen verschleißfest und auch ziemlich zähe sein. Der Ziehstempel wird hauptsächlich auf Abnutzung, der Ziehring stärker auf Abnutzung sowie auf Druck und Zähigkeit beansprucht. Mit abnehmenden Leistungen werden Stähle 15÷52, 80, 53÷83, weniger Stahl 30 verwendet. Um die Leistungen der Ziehringe zu erhöhen, werden (sofern die Form es gestattet) die starkem Verschleiß ausgesetzten Stellen mit Stellit, Stahl 3, überzogen.

G. Auswahl für Kaltziehmatrizen, -eisen, -stempel, -ringe.

Stahl Nr.	C %	Si %	%	Mn %	W %	Mo %	Ni %	Cr %	V %	Verwendung:
2a	÷6		÷96 W							Zieheisen und -matrizen höchster Leistungsfähigkeit bei Dauerbeanspruchung — die Arbeitsflächen sind hieran meist nur mit Metall überzogen
2b	÷6		÷96 Ta							
3	2÷6		10÷20 W		÷6 Ni	0÷10	0÷15	20÷30		
91	1,5÷3		2÷4 W			0÷3	1÷2	15÷20	0÷2	ohne jede Warmbehandlung gegossen oder (Stahl 91÷92) warmbehandelt s. Anmerkung S. 34
92	2,5÷3,2				30÷50 Co		0,5÷2	22÷30		
93	3÷3,5	0,5÷1 Si		0,4÷1,2 Mn	÷6 Co					Ziehmatrizen normaler Leistungsfähigkeit

Stahl Nr.	C %	Si %	Mn %	W %	Cr %	V %	Schmieden °	Glühen °	Härten °	Ablöschen	Verwendung
15	1,30÷1,50	0,15÷0,40	0,15÷0,40	7÷8	0,3÷0,6	0÷0,5	950÷850	700÷720	780÷820	Wasser	Ziehmatrizen, -stempel, -ringe hoher Leistungsfähigkeit
16	1,1÷1,4	0,15÷0,40	0,15÷0,40	6÷7	0,3÷1	—	950÷800	700÷720	780÷820	Wasser	
17	1,1÷1,4	0,15÷0,3	0,15÷0,35	4,2÷5,2	0,3÷0,6	—	950÷800	700÷720	780÷820	Wasser	
52	0,6÷0,75	0,15÷0,3	0,2÷0,4	5÷6	0,3÷1,1	—	1200÷900	720÷740	790÷860	Wasser	Ziehmatrizen und -eisen für Grob-, Mittel- und Feinzug. Stahldrähte bis zu 270 kg Festigkeit gezogen, Ziehstempel und -ringe
29	1,8÷2,2	0,2÷0,4	0,2÷0,4	0÷1,3	11÷13	—	950÷850	780÷800	920÷1000	Öl oder Preßluft	
30	0,9÷1,1	0,3÷1,1	0,9÷1,1	0,9÷1,1	0,9÷1,1	—	950÷850	710÷730	780÷830	Öl oder Preßluft	
80	0,9÷1,1	0,15÷0,3	0,15÷0,35	0,8÷1,0	—	0,8÷1,0 Ni	950÷850	680÷700	820÷840	Wasser	
53	0,9÷1,05	0,15÷0,3	0,2÷0,4	—	2÷2,3	Mo	950÷800	730÷760	780÷810 / 830÷860	Wasser / Öl	
34	0,85÷1,1	0,1÷0,3	0,2÷0,4	—	1,6÷1,85	0÷0,4	950÷800	730÷760	780÷820	Wasser	Ziehmatrizen, -eisen, -ringe, -stempel für Eisen und Metalle
35	0,85÷1,1	0,1÷0,3	0,2÷0,4	—	1,3÷1,60	0÷0,4	950÷800	730÷760	830÷860	Öl	
38	1,35÷1,65	0,2÷0,3	0,2÷0,4	—	0,4÷0,75	—	950÷850	710÷730	780÷800	Wasser	
79	1,2÷1,4	0,15÷0,3	0,2÷0,4	0÷0,2	0,2÷0,5	—	900÷800	700÷720	760÷800	Wasser	
33	0,9÷1,20	0,2÷0,4	0,8÷1,2	—	—	—	900÷800	630÷660	750	Wasser	
26	0,9÷1,25	0,15÷0,25	0,2÷0,4	0,9÷1,2	0÷0,3	—	950÷800	700÷720	780÷810	Wasser	
81	1,35÷1,5	0,15÷0,3	0,2÷0,4	—	—	—	950÷800	680÷710	760÷780	Wasser	
82	1,2÷1,35	0,15÷0,3	0,2÷0,4	—	—	—	950÷850	680÷710	760÷780	Wasser	
83	1,05÷1,2	0,15÷0,3	0,2÷0,4	—	—	—	950÷850	680÷710	770÷790	Wasser	

Abnehmende Leistungen →

Erläuterungen zu H.

Kaltschermesser, -schnitte, -rollmesser werden zum Schneiden bzw. Abscheren, Lochwerkzeuge zum Lochen von kalten Werkstoffen verwendet. Die Werkzeuge werden beansprucht auf Abnutzung (Schneidhaltigkeit), Druck und große Werkzeuge außerdem auf Biegung. Obermesser bzw. Oberstempel wird stärker beansprucht als Untermesser bzw. -stempel.

Die Auswahl der Stähle ist abhängig von der Werkzeugform und -größe, Art und Dicke des zu verarbeitenden Werkstoffs und der gewünschten Schneidhaltigkeit.

Für Werkzeuge bis zu größten Abmessungen und Verarbeitung von dickstem Schnittgut (über $\sim$ 3 mm Dicke) werden verwendet: für höchste Dauerleistungen Dauerstähle $21 \div 23$, für mittlere Leistungen W-Stähle $26 \div 28$, für normale Leistungen C-Stähle $83 \div 86$ oder, weniger, SM-Stähle 88 und 89. Für Schermesser, die besonders zäh sein müssen, werden Cr-Ni-Stähle $57 \div 62$, vergütet auf $120 \div 160$ kg Festigkeit, verwendet.

Bei Verarbeitung von hartem Schnittgut bis ~ 1 mm Dicke wird für höchste Dauerleistungen Cr-Stahl 29 verwendet, bis ~ 2 mm Cr-W-Mn-Stahl 30, für weiches Schnittgut bis ~ 3 mm Stahl 29, über $\sim 3 \div 5$ mm Stahl 30 oder Dauerstähle $21 \div 23$, für mittlere Leistungen W-Stähle $26 \div 28$, für normale Leistungen C-Stähle $83 \div 86$ oder, weniger, SM-Stähle 88 und 89. Cr-Stahl 53 kommt für weiche Bleche bis ~ 3 mm Dicke und mittlere Leistungen in Frage. Kreisrollschermesser aus Schnellstahl 14 sind für Blechdicken wie Stahl 29 bzw. Stahl 30.

Die Werkzeuge aus Stahl 14, 29 und 30 sind hart und stoßempfindlich, infolgedessen darf die Schneide nicht auf Biegung beansprucht werden. Werkzeuge, die hart und besonders zäh sein müssen, werden aus verstählten Werkstoffen (Stahl auf Eisen, siehe auch S. 3 Allgemeines) angefertigt. Die Schneidhaltigkeit hauptsächlich großer Werkzeuge, die dickes Schnittgut verarbeiten, kann dadurch erhöht werden, daß die Arbeitsflächen oder Kanten der Werkzeuge aus SM- oder Cr-Ni-Stählen mit Stellit, Stahl 3, überzogen werden.

Erläuterungen zu J.

Metallsägen dienen zum Zerspanen von Eisen, Stahl und Metallen, Holzsägen für Holz, Horn, Elfenbein, deren Ersatzstoffe u. dgl. Kreissägen sind nur für Maschinenbetrieb, Langsägen für Hand- und Maschinenbetrieb.

Von Sägen werden gefordert: Schneidhaltigkeit und genügend hohe Zähigkeit.

Die Auswahl der Stähle ist abhängig von dem zu verarbeitenden Stoff, der Zahnform, von Schnittgeschwindigkeit und Vorschub, Hand- oder Maschinengebrauch und der verlangten Schneidhaltigkeit.

Für große und mittlere Kalt- und Warmkreissägen höchster Schneidhaltigkeit werden die Schneidmetalle $2 \div 3$, Schnellstähle $4 \div 14$ verwendet. Diese Sägen haben auswechselbare Zahnsegmente. Die Zahnschneiden (Plättchen) der Segmente aus Stählen 2 und 3 sind aufgelötet oder aufgeschweißt, die Segmente aus Schnellstahl $4 \div 14$ sind meist ganz aus diesem Stahl, während die Sägenstammblätter aus SM-Stahl 89 oder 90 bestehen.

Für Metallsägen, kleine Kalt- und Warmkreissägen höchster Schneidhaltigkeit werden Schnellstähle $4 \div 14$, für mittlere Anforderungen (bei Kreissägen für alle Größen) Stähle $24 \div 35$, für normale Anforderungen Stähle $36 \div 85$ verwendet. Alle Werkzeuge nur aus dem betreffenden Stahl, nicht zusammengesetzt. Schnelllaufende Kaltkreissägen aus Stählen $4 \div 85$ sind zu kühlen[1].

Holzsägen einschl. Holzbandsägen ganz aus SM-Stählen $88 \div 90$.

---
[1] Glühen der W-Stähle $24 \div 26$ s. S. 20.

H. Auswahl für Kaltschermesser, -schnitte und -lochwerkzeuge, Kreis- und Rollschermesser.

Stahl Nr.	C %	Si %	Mn %	W %	Cr %	V %	Mo %	Schmieden °	Glühen °	Härten °	Ablöschen	Anlassen °	Anlassen h		Verwendung
14	0,55÷0,75	0,10÷0,3	0,2÷0,4	11÷14	3,5÷4,5	0÷0,7	0÷2,0	1100÷900	780÷800	1200÷1260	Zwischen Metallbacken o. Luft	560÷600	1/2÷3/4	Abnehmende Schneidehaltigkeit →	Kleine Kreisrollschermesser. Schermesser bis zur größten Abmessungen f. Knüppel, Platinen Stabstahl, Bleche aller Dicken Schnitte, Rollmesser aller Art und Beanspruchung. Lochwerkzeuge für höchste Dauerbeanspruchung zum Lochen v. dicken Blechen, Schienen, Laschen Trägern, Rostplatten, Ketten u. dgl.
21	0,47÷0,55	0,4÷0,8	0,3÷0,5	2,3÷2,7	1,2÷1,5	0,2÷0,5	—	1050÷850	720÷750	840÷880	Öl	240÷280	—		
22	0,47÷0,55	0,6÷1,0	0,3÷0,5	1,8÷2,5	1÷1,3	—	—	1050÷850	700÷730	820÷850	Öl	240÷280	—		
23	0,27÷0,40	0,6÷1,0	0,3÷0,5	1,8÷2,5	1÷1,3	Ni	—	1050÷850	700÷730	800÷900	Wasser	240÷280	—		
57	0,3÷0,4	0,15÷0,4	0,4÷0,8	0,8÷1,2	1,4÷1,7	4÷4,7	V	1100÷1000	580÷610	820÷840 830÷860	Öl Preßluft	300÷350 300	1/4÷1		Schermesser größter Zähigkeit für Platinen, Knüppel, Bleche, Stabstahl bis zu großen Abmessungen
58	0,3÷0,4	0,15÷0,4	0,4÷0,8	—	1,3÷1,7	4÷4,7	0÷0,5	1100÷950	560÷590	820÷840 830÷860	Öl Preßluft	300÷350 300	1/4÷1		
59	0,4÷0,5	0,2÷0,35	0,4÷0,8	0,4÷0,8	1,1÷1,7	3÷3,7	Mo	1100÷950	620÷640	800÷830 820÷850	Öl Preßluft	250÷300 300	1/4÷1		
61	0,4÷0,5	0,2÷0,35	0,4÷0,8	0,8÷1,2	1÷1,2	2,5÷3	0,2÷0,4	1100÷900	620÷640	820÷840 840÷870	Öl Preßluft	250÷300 300	1/4÷1		
62	0,3÷0,4	0,2÷0,35	0,4÷0,8	—	0,8÷1,2	3÷3,7	—	1100÷950	630÷650	820÷850	Öl	300	—	Zunehmende Zähigkeit →	Höchstleistungs-Schermesser, Schnitte und Lochwerkzeuge {für harte Bleche ÷1 mm / f. weiche Bleche ÷3 mm}
29	1,8÷2,2	0,2÷0,4	0,2÷0,4	0÷1,3	11÷13	—	—	950÷850	780÷800	920÷1000	Preßluft	240÷280	—		
30	0,9÷1,1	0,3÷1,1	0,9÷1,1	0,9÷1,1	0,9÷1,1	—	—	950÷850	710÷730	780÷820 820÷860	Öl Preßluft	240÷280 —	—		{für harte Bleche ÷2 mm / f. weiche Bleche ÷5 mm}
53	0,9÷1,05	0,15÷0,3	0,2÷0,4	—	2÷2,3	—	—	950÷800	730÷760	820÷850	Öl	260÷300	—		Schermesser, Schnitte, Kreisrollschermesser ÷3 mm Blechdicke
26	0,9÷1,25	0,15÷0,25	0,2÷0,4	0,9÷1,2	0÷0,3	—	—	950÷800	700÷720	780÷810	Öl	260÷300	—		
27	0,7÷0,8	0,15÷0,25	0,2÷0,4	0,8÷1,1	—	—	—	1000÷800	710÷730	780÷820	Wasser	220÷260	—		
28	0,6÷0,7	0,15÷0,25	0,2÷0,4	0,6÷0,8	—	—	—	1000÷800	710÷730	800÷830	Wasser	220÷260	—		
83	1,05÷1,2	0,15÷0,3	0,2÷0,4	—	—	—	—	950÷850	680÷710	770÷800	Wasser	220÷260	—	mittlere Leistungen →	Schermesser, Schnitte, Lochwerkzeuge, Rollschermesser
84	0,9÷1,05	0,15÷0,3	0,2÷0,4	—	—	—	—	1000÷800	680÷710	780÷810	Wasser	220÷260	—		
85	0,75÷0,9	0,15÷0,3	0,2÷0,4	—	—	—	—	1000÷800	690÷720	800÷820	Wasser	220÷260	—		
86	0,6÷0,75	0,15÷0,3	0,2÷0,4	—	—	—	—	1000÷800	700÷720	800÷840	Wasser	220÷260	—		
88	0,60÷0,85	0,2÷0,4	0,6÷0,8	SM-Stahl 75÷95 kg Festigkeit	65÷80 „ „			1050÷850	700÷720	800÷840	Öl	180÷140	—	für normale Leistungen →	
89	0,45÷0,65	0,2÷0,4	0,6÷0,8					1100÷850	700÷720	800÷840	Öl o. Wasser	180÷240	—		

J. Auswahl für Kalt- und Warmsägen für Holzsägen.

Stahl Nr.	C %	Si %	Mn %	W %	Cr %	Glühen °	Härten °	Ablöschen	Anlassen Warmsägen °	Anlassen Kaltsägen °		Verwendung
2				Karbidschneidmetalle siehe S. 15								Auswechselbare Sägenzahnsegmente für Kalt- und Warmsägen höchster Anforderungen und härtester Werkstoffe } Aufgelötete oder aufgeschweißte Zahnsegmentschneiden
3				Stellite siehe . . . . . . S. 15								Zahnsegmente und Metallsägen ganz aus Stahl
4÷12				Schnellstähle siehe . . . S. 15							↑ Abnehmende Schneidhaltigkeit	
24	1,1÷1,25	0,15÷0,25	0,2÷0,4	1,7÷2,1	—	710÷740	820÷850	Öl	300÷350	230÷260	} mittlere Anforderungen	Kalt- und Warmsägen ganz aus Stahl, wie Kreissägen, Zirkularsägen, Metallsägen, Metallbandsägen u. dgl.
26	0,9÷1,25	0,15÷0,25	0,2÷0,4	0,9÷1,2 Mo	0÷0,3	700÷720	820÷860	Öl	300÷350	230÷260		
34	0,85÷1,1	0,1÷0,3	0,2÷0,4	0÷0,4	1,6÷1,85	730÷760	830÷860	Öl	300÷350	230÷260		
35	0,85÷1,1	0,1÷0,3	0,2÷0,4	0÷0,4	1,3÷1,6	730÷760	830÷860	Öl	300÷350	230÷260		
36	0,85÷1,05	0,1÷0,3	0,2÷0,4	0÷0,4	0,6÷1,1	700÷730	820÷850	Öl	300÷350	230÷260		
83	1,05÷1,2	0,15÷0,3	0,2÷0,4	—	—	680÷710	820÷850	Öl	300÷350	230÷260	} normale Anforderungen	für weichere Werkstoffe
84	0,9÷1,05	0,15÷0,3	0,2÷0,4	—	—	680÷710	820÷850	Öl	300÷350	230÷260		
85	0,75÷0,9	0,15÷0,3	0,2÷0,4	—	—	690÷720	820÷850	Öl	300÷350	230÷260		
88	0,6÷0,85	0,2÷0,4	0,6÷0,80	SM-Stahl 75÷95 kg Festigkeit		700÷720	820÷840	Öl	350÷400	—	} Naturharte Sägenstammblätter für auswechselbare Sägezähne	Warmsägen, Holzsägen wie Kreis-, Gatter, Bauch-, Kran-, Spann-, Treck-, Bügel- und Handsägen-Bandstahl u. dgl.
89	0,45÷0,65	0,2÷0,4	0,6÷0,80	SM-Stahl 65÷80 kg Festigkeit		700÷720	820÷850	Öl	300÷400	—		
90	0,3÷0,5	0,2÷0,4	0,4÷0,80	SM-Stahl 55÷70 kg Festigkeit		700÷720	840÷860	Öl	300÷400	—		

Lange Metallsägen werden auch automatisch oder von Hand durch Stichflammen (Schweißbrenner) zahnhart gehärtet. Holzbandsägen aus kaltgewalztem Stahl (s. S. 13) werden in Öl oder zwischen Metallbacken gehärtet.

K. Auswahl für Gewinde-, Bohr- und Fräswerkzeuge, Reibahlen, Räumnadeln.

Stahl Nr.	C %	Si %	Mn %	W %	Cr %	V %	Schmieden °	Glühen °	Härten °	Ablöschen	Anlassen °	Anlassen °	Verwendung
21	0,47÷0,55	0,40÷0,80	0,30÷0,5	2,3÷2,7	1,2÷1,5	0,2÷0,5	1050÷850	720÷750	820÷880	Öl	260÷320	—	Gewindewarmwalzbacken für Schrauben u. dgl.
22	0,47÷0,55	0,6÷1,0	0,30÷0,5	1,8÷2,5	1÷1,3	—	1050÷850	700÷730	820÷850	Öl	260÷320	—	
23 a)	0,35÷0,4	0,8÷1,0	0,30÷0,5	1,8÷2,5	1÷1,3	—	1050÷850	700÷730	800÷860	Wasser	260÷320	—	
57	0,3÷0,4	0,15÷0,4	0,4÷0,8	0,8÷1,2	1,4÷1,7	Ni 4÷4,7	1100÷1000	580÷610	820÷860	Öl oder Preßluft	220÷300	—	Räumnadeln (anlassen a) Anlassen b)
58	0,3÷0,4	0,15÷0,4	0,4÷0,8	V 0÷0,5	1,3÷1,7	4÷4,7	1100÷950	560÷590	820÷850		220÷300	—	
29	1,8÷2,2	0,2÷0,4	0,2÷0,4	W 0÷1,3	11÷13	V 0÷0,5	950÷850	780÷800	920÷1000		260÷320 a)	b)	Für sehr harte Werkstoffe
			Schneidmetalle, Schnellstähle S. 15										Für normale Werkstoffe und Schnittgeschwindigkeiten
15	1,3÷1,5	0,15÷0,4	0,15÷0,4	7÷8	0,3÷0,6	—	950÷850	700÷720	780÷800	Wasser	180÷220	200÷220	Fräser, Reibahlen, Gewindefräser, -streher, -schneidbacken, -schneideisen u. dgl.
16	1,1÷1,4	0,15÷0,4	0,15÷0,4	6÷7	0,3÷1,0	—	950÷800	700÷720	780÷800	Wasser	180÷220	200÷220	
17	1,1÷1,4	0,15÷0,3	0,15÷0,35	4,2÷5,2	0,3÷0,6	—	950÷800	700÷720	780÷800	Wasser	180÷220	200÷240	
30	0,9÷1,1	0,3÷1,1	0,9÷1,1	0,9÷1,1	0,9÷1,1	—	950÷850	710÷730	770÷810	Öl	220÷260	200÷240	Gewindeschneidwerkzeuge aller Art wie Maschinen-, Hand-, Stehbolzen-, Muttergewindebohrer u. dgl.
31	1,3÷1,5	0,2÷0,5	0,6÷0,9	—	1,3÷1,6	—	950÷850	700÷730	780÷820	Öl	220÷250	200÷240	
32	0,8÷1,0	0,2÷0,4	0,7÷1,1	—	0,5÷1,0	—	1000÷800	650÷680	780÷820	Öl	220÷250	200÷240	
33	0,9÷1,2	0,2÷0,4	0,8÷1,2	—	—	—	900÷800	630÷660	780÷820	Öl	220÷240	200÷240	
24	1,1÷1,25	0,15÷0,25	0,2÷0,4	1,7÷2,1	—	—	1000÷800	710÷740	780÷810	Wasser	200÷240	180÷220	Fräser, Reibahlen, Bohrer aller Art
25	1,1÷1,25	0,15÷0,25	0,2÷0,4	0,9÷1,2	—	0,1÷0,3	950÷800	700÷720	770÷800	Wasser	220÷240	180÷220	
26	0,9÷1,25	0,15÷0,25	0,2÷0,4	0,9÷1,2	0÷0,3	—	950÷850	700÷720	770÷800	Wasser	220÷240	180÷220	
82	1,2÷1,35	0,15÷0,3	0,2÷0,4	—	—	—	950÷850	680÷710	740÷780	Wasser	200÷240	180÷220	Räumnadeln, Fräser, Reibahlen, Glasbohrer, Herzbohrer u. dgl.
83	1,05÷1,20	0,15÷0,3	0,2÷0,4	—	—	—	950÷850	680÷710	750÷790	Wasser	200÷220	180÷220	
84	0,9÷1,05	0,15÷0,3	0,2÷0,4	—	—	—	1000÷800	680÷710	760÷800	Wasser	200÷220	180÷220	
89	0,45÷0,65	0,2÷0,4	0,6÷0,8	SM-Stahl 65÷80 kg Festigk.	—	—	1100÷850	700÷720	800÷840	Öl od. Wasser	200÷240	—	Kluppenbacken u. dgl. aus SM-Stahl
—	0,08÷0,18	0,2÷0,30	0,3÷0,5	Einsatzstahl	—	—	1200÷850	—	im Einsatz	Wasser	—	—	Räumnadeln mit außergewöhnlich zähem Kern

Herbers. Werkzeugstähle. 4

Erläuterungen zu K.

Diese Werkzeuge werden zur Bearbeitung aller Metalle verwendet; sie sollen hohe Schneidhaltigkeit, geringen Härteverzug, auch bei verwickelten und langen Formen, haben, außerdem noch genügend zäh sein.

Die Auswahl der Stahlsorte ist abhängig von der Form und Größe des Werkzeuges, der Arbeitsschnittgeschwindigkeit, dem zu verarbeitenden Werkstoff, vom Hand- oder Maschinengebrauch und der gewünschten Schneidhaltigkeit.

Für kaltarbeitende Gewindeschneidwerkzeuge sowie für Bohrer, Fräser, Reibahlen werden für höchste Leistungen Schnellstähle 4÷14, für normale Schnittgeschwindigkeiten, bei Verarbeitung von härtesten Werkstoffen, Riffelstähle 15÷17, verwandt. Für die Werkzeuge, außer Bohrer, kommen für mittlere Leistungen bei Verarbeitung normaler Werkstoffe durchhärtende Ölhärterstähle 30 und 31 mit geringster gleichmäßiger Härtemaßänderung, für normale Leistungen Stähle 32 und 33 in Frage. Für Werkzeuge einschl. Bohrer kommen für mittlere Leistungen W-Stähle 24÷26 mit ungleichmäßiger Härtemaßänderung, für normale Leistungen C-Stähle 82÷84, für billige Kluppenbacken SM-Stahl 89 in Frage.

Für große Werkzeuge wird der Stahl geschmiedet oder gewalzt, für kleinere gezogen (siehe auch S. 13) verwendet. Für höchste Dauerleistungen werden in zunehmendem Maße die Schneidflächen an Bohrern über 4 mm und an größeren Fräsern aus Schneidmetallen 2 und 3 angefertigt. In diesem Fall besteht der Werkzeugschaft bzw. -körper aus SM- oder Cr-Ni-Stahl.

Für warmarbeitende Gewindewalzbacken werden mit abnehmenden Leistungen (außer W-Stählen 18÷20 oder Schnellstählen 4÷14) Dauerstähle 21÷23 oder Cr-Stahl 29, für sehr zähe Cr-Ni-Stähle 57 und 58 verwandt.

Für Gruben- und Gesteinsbohrkronen höchster Schneidhaltigkeit für Maschinenbetrieb werden Stähle 1 (Diamanten) oder — wenig geringere Leistungen — Schneidmetalle 2 und 3, seltener Schnellstähle 4÷14, verwendet. Für Gesteinsbohrer für Handbohrung und härtestes Gestein kommen C-Stähle 82 und 83, für sehr hartes Gestein Stahl 84, für hartes und mittelhartes Gestein Stahl 85 oder SM-Stahl 88, für mittelhartes und weiches Gestein Stahl 86 oder SM-Stähle 89 und 90 in Frage.

Räumnadeln dienen zum Räumen von Bohrungen aller Art, besonders für Schiebezahnräder, von Nuten und Durchbrüchen jeder Form unter Einhaltung denkbar kleinster Toleranzen. Für höchste Leistungen werden Cr-Stahl 29, weniger Schnellstähle 4÷14, für mittlere Leistungen und normale Werkstoffe Ölhärterstähle 30 und 31 (weniger 32 und 33) mit geringstem Härteverzug oder, mit größerer Härte-Maßänderung, W-Stähle 24÷26, für normale Leistungen C-Stähle 82÷84 verwendet. Räumnadeln mit außergewöhnlich zähem Kern werden aus Einsatzstahl, der auch noch Cr bis ~ 1% enthalten kann, angefertigt.

Erläuterungen zu L.

Holzbearbeitungswerkzeuge, wie Fräser, Messer, Bohrer, Hobelmesser und -eisen, Beitel u. dgl. werden zur Bearbeitung von Holz, Horn, Elfenbein, deren Ersatzstoffe und sonstigen ähnlich weichen Stoffen verwendet. Fräser, Bohrer, Hobelmesser sind für Maschinenbetrieb, Bohrer, Hobeleisen, Beitel u. dgl. für Handgebrauch. Alle müssen schneidhaltig, hart und zäh sein. Ein besonders hohes Maß an Zähigkeit erfordern Maschinenmesser, Profilmesser u. dgl., weshalb sie meist verstählt, d. h. nur die Schneide aus Werkzeugstahl, der andere Teil aus zähem, weichem Eisen angefertigt werden. Die Bohrwerkzeuge für Handgebrauch erfordern höhere Zähigkeit bei geringerer Härte.

L. Auswahl für Fräser, Messer, Bohrwerkzeuge für Holzbearbeitung.

Stahl Nr.	C %	Si %	Mn %	W %	Cr %	V %	Mo %	Schmieden °	Glühen °	Härten °	Ablöschen	Anlassen °	Verwendung
13	0,6÷0,75	0,15÷0,3	0,20÷0,4	16÷19	3,5÷5,0	0,2÷0,6	0÷0,6	1150÷900	780÷800	1230÷1280	Öl, Preßluft oder zwischen Metallbacken	560÷580	Für höchste Drehzahlen und Anforderungen
14	0,55÷0,75	0,15÷0,3	0,20÷0,4	11÷14	3,5÷4,5	0÷0,7	0÷2,0	1100÷900	780÷800	1200÷1260		560÷580	Ganz Stahl oder verstählte Holzbearbeitungsmaschinenmesser aller Art
15	1,3÷1,5	0,15÷0,4	0,15÷0,4	7÷8	0,3÷0,6	0÷0,5	—	950÷850	650÷720	800÷840	Öl	280÷350	
16	1,1÷1,4	0,15÷0,4	0,15÷0,4	6÷7	0,3÷1,0	—	—	950÷800	650÷720	800÷840	Öl	280÷350	
17	1,1÷1,4	0,15÷0,3	0,15÷0,35	4,2÷5,2	0,3÷0,6	—	—	950÷800	650÷720	800÷840	Öl	280÷350	
52	0,6÷0,75	0,15÷0,3	0,2÷0,4	5÷6	0,3÷1,1	—	—	1200÷900	650÷740	840÷900	Öl	260÷320	
21	0,47÷0,55	0,4÷0,8	0,3÷0,5	2,3÷2,7	1,2÷1,5	0,2÷0,5	—	1050÷850	720÷750	820÷880	Öl	260÷320	Holzbearbeitungsmaschinenfräser und -bohrer aller Art
22	0,47÷0,55	0,6÷1,0	0,3÷0,5	1,8÷2,5	1÷1,3	—	—	1050÷850	700÷730	820÷850	Öl	260÷320	
23 a)	0,35÷0,4	0,8÷1,0	0,3÷0,5	1,8÷2,5	1÷1,3	—	—	1050÷850	700÷730	840÷880 / 800÷860	Öl / Wasser	260÷320	
30	0,9÷1,1	0,3÷1,1	0,9÷1,1	0,9÷1,1	0,9÷1,1	—	—	950÷850	710÷730	780÷830	Öl	260÷320	
24	1,1÷1,25	0,15÷0,25	0,2÷0,4	1,7÷2,1	—	—	—	1000÷800	650÷740	820÷850 / 780÷820	Öl / Wasser	260÷320	Hobeleisen, Beitel aller Art
26	0,9÷1,25	0,15÷0,25	0,2÷,04	0,9÷1,2	0÷0,3	—	—	950÷800	650÷720	820÷860 / 780÷820	Öl / Wasser	260÷320	
84	0,9÷1,05	0,15÷0,3	0,2÷0,4	—	—	—	—	1000÷800	680÷710	760÷800 / 820÷850	Wasser / Öl	260÷320	
85	0,75÷0,9	0,15÷0,3	0,2÷0,4	—	—	—	—	1000÷800	690÷720	800÷820 / 820÷860	Wasser / Öl	260÷320	
88	0,6÷0,85	0,2÷0,4	0,6÷0,8	SM-Stahl 75÷95 kg Festigkeit				1050÷850	700÷720	800÷840	Öl	260÷320	Holzbohrer, Beitel und Hobeleisen aller Art
89	0,45÷0,65	0,2÷0,4	0,6÷0,8	SM-Stahl 65÷80 kg Festigkeit				1100÷850	700÷720	820÷850	Öl	260÷320	
90	0,3÷0,5	0,2÷0,4	0,4÷0,8	SM-Stahl 55÷70 kg Festigkeit				1100÷850	700÷720	820÷860	Öl oder Wasser	260÷320	

Abnehmende Schneidhaltigkeit →

Die Auswahl der Stähle ist abhängig von der Beschaffenheit des zu verarbeitenden Stoffes von Hand- oder Maschinengebrauch, von Schnittgeschwindigkeiten bzw. Drehzahlen der Maschinen und der gewünschten Schneidhaltigkeit.

Für Holzbearbeitungsmaschinenfräser, -messer, -bohrer werden für höchste Anforderungen und Drehzahlen Schnellstähle 13 und 14, Riffelstähle 15 bis 17, Magnetstahl 52; für hohe Anforderungen und Drehzahlen zähere Dauerstähle 21÷23, für mittlere Anforderungen und Drehzahlen niedrig W-legierte Stähle 30÷26; für normale Anforderungen und Drehzahlen C-Stähle 84 und 85 verwendet.

Holzbohrer, Hobeleisen, Beitel u. dgl. für Handgebrauch werden aus C-Stählen 84 und 85 oder SM-Stählen 88÷90 angefertigt.

Da die Werkzeuge aus W-legierten Stählen 15÷17, 52, 24 und 26 meist in Öl gehärtet werden, ist auf das Glühen dieser Stähle besonders Wert zu legen (siehe S. 9 u. 17).

Erläuterungen zu M.

Feilen und Raspen für Hand und Maschinengebrauch[1] sollen schneidhaltig und die dünnen Abmessungen außerdem besonders zäh sein. Bei großen und mittleren Feilen wird der Hieb gefräst oder gehauen, bei Raspen und kleineren Feilen nur gehauen, bei kleinsten Feilen, Uhrmacher-Nadelfeilen u. dgl., durch Feilschneiden (Ratschen) geschnitten.

Die Auswahl der Stähle ist abhängig von der Feilenform, -größe, dem Feilenhieb, von Hand- oder Maschinengebrauch, Arbeitsschnittgeschwindigkeiten, der beanspruchten Zähigkeit und Schneidhaltigkeit.

Die Erhitzung auf Härtetemperatur geschieht in Blei- oder Salzbädern oder aber in Kokszugöfen. Die Zähne werden gegen Entkohlung und Zunderung (bei Koksofenerhitzung), durch Schutzmasse, bestehend aus Hornmehl, Kali, Kochsalz, Harz, Mehl u. dgl. geschützt. Zum Abschrecken dient gesättigtes Salzwasser. Ungesättigtes Wasser erhöht den Härteausschuß.

Mit abnehmender Schneidhaltigkeit werden für Feilen Cr-Stähle 37 und 38, C-Stähle 81÷83, SM-Stähle 89 und 90 verwandt. Für Feilen, die infolge ihrer schwachen Abmessungen besonders zäh sein müssen, Bezugfeilen (Schienenfeilen) u. dgl. werden Verbundstähle (siehe S. 14) mit einem C-Gehalt von über 1% angewendet.

Auf das Glühen der Feilenstähle mit über 1% C ist besonders Wert zu legen, da von einer einwandfreien Glühung in besonderem Maße Bearbeitbarkeit, Schneidhaltigkeit und geringster Härteausschuß abhängen. Der Zementit geglühter Feilen muß in kugeliger (möglichst feinkörniger) Form vorliegen (entsprechend einer Festigkeit von 60÷72 kg bei Cr-Stählen, 60÷70 kg bei C-Stählen).

Raspen für Holz-, Lederbearbeitung u. dgl. werden aus SM-Stählen 89 und 90 angefertigt.

Erläuterungen zu N.

Alle diese Werkzeuge sollen hohe Schneidhaltigkeit, Zähigkeit, Schleif- und Polierfähigkeit haben, die rostfreien außerdem rostfrei und unempfindlich gegen Salze und Säuren des Hausgebrauches sein.

Die Auswahl der Stähle richtet sich nach der Form und Größe des Gegenstandes und dem zu verarbeitenden Stoff.

Rostfreie Messer: Die Stähle 39 und 40 sind bezüglich der Schneidhaltigkeit fast gleichwertig. Stahl 40 hat höchste Schneidhaltigkeit bei dreifacher Warm-

---

[1] Näheres siehe Heft 46: Feilen.

M. Auswahl für Feilen und Raspen.

Stahl Nr.	C %	Si %	Mn %	Cr %	Schmieden °	Glühen °	Härten °	Ablöschen	Verwendung
37	1,45÷1,60	0,2÷0,3	0,2÷0,4	1,4÷1,6	950÷850	730÷760	780÷800	gesättigtes Salzwasser / Abnehmende Schneidhaltigkeit	Kugellagerprüf-, Säge-, Fräser-, Glas-, Probier-, Präzisions-, Messer-, Uhrmacher-, Ampullen-, Rapidfeilen u. dgl.
38	1,35÷1,65	0,2÷0,3	0,2÷0,4	0,4÷0,75	950÷850	710÷730	780÷800		
81	1,35÷1,50	0,15÷0,30	0,2÷0,4	—	950÷800	680÷710	740÷780		Extra-, Ampullen-, Präzisions-, Mühl-, Kran-, Brett-, Sägefeilen u. dgl.
82	1,2÷1,35	0,15÷0,30	0,2÷0,4	—	950÷850	680÷710	740÷780		Extra-, Qualitäts-, Dutzendfeilen und Feilen wie Stahl 83
83	1,05÷1,20	0,15÷0,30	0,2÷0,4	—	950÷850	680÷710	750÷790		Schlicht- und Vorfeilen, ausgeschlagene Feilen, Feilscheiben u. dgl.
89	0,45÷0,65	0,2÷0,4	0,6÷0,8	—	1100÷850	700÷720	800÷840		Pack- und Primafeilen (SM-Stahl 65÷80 kg Festigkeit)
90	0,3÷0,5	0,2÷0,4	0,4÷0,8	—	1100÷850	700÷720,820÷860			Raspen aller Art (SM-Stahl 55÷75 kg Festigkeit)

N. Auswahl für Messer, Scheren, Gabeln, Sicheln, Sensen.

Stahl Nr.	C %	Si %	Mn %	Cr %	Co %	Schmieden °	Glühen °	Härten °	Ablöschen	Anlassen °	Verwendung
39	0,90÷1,10	0,15÷0,4	0,2÷0,4	13÷15	2,5÷3,5	1000÷900	760÷780	1150÷1180	Öl od. Luft	500÷600	Rostfreie Rasiermesser u. -klingen, Brot-, Tisch-, Tafel-, Taschen-, Gemüse-, Fleischer-, Kreis-, Obstmesser, chirurg. Messer, Schneider-, Stück- und Nagelscheren
40	0,6÷0,7	0,15÷0,4	0,2÷0,4	13÷15	1,5÷2,5 Mo	1000÷900	760÷800	960÷1020	Öl	300÷420	
41	0,42÷0,50	0,15÷0,4	0,2÷0,4	13÷15	0÷0,5 W	1050÷900	760÷800	950÷1000	Wasser	300÷420	Tisch- und Fleischergabeln aller Art
42	0,3÷0,42	0,15÷0,4	0,2÷0,4	13÷15	0÷0,5	1050÷900	760÷800	960÷1000	Wasser	300÷420	Rostunbeständige
79	1,2÷1,4	0,15÷0,3	0,2÷0,4	0,2÷0,5	0÷0,2	900÷800	700÷720	740÷780	Wasser	180÷220	Rasiermesser u. -klingen höch. Schneidhaltigk.
82	1,2÷1,35	0,15÷0,3	0,2÷0,4	—		950÷850	680÷710	740÷780	Öl bzw. Wasser	180÷220	Papier-, Tabak-, chirurg. Mess., Bleistiftspitzer
83	1,05÷1,2	0,15÷0,3	0,2÷0,4	—		950÷850	680÷710	750÷790		200÷240	Leder, Tabak-, Taschen-, Papier-, Gummi-, Kerbschnitz-, Fleischhackmasch., Blechschermesser
84	0,9÷1,05	0,15÷0,3	0,2÷0,4	—		1000÷800	680÷710	760÷800		200÷240	
85	0,75÷0,9	0,15÷0,3	0,2÷0,4	—		1000÷800	690÷720	800÷820	Öl bzw. Wasser	220÷260	Brot-, Tisch-, Tafel-, Taschen-, Wurst-, Tranchier-, Schlachtm.-, Baum- u. Rebscherklingen
86	0,6÷0,75	0,15÷0,3	0,2÷0,4	—		1000÷800	700÷720	820÷840		220÷260	Schneider-, Stück-, Nagelscheren, Futter- u. Fleischhackmaschinenmess., Sensen u.Sicheln[1]
87	0,8÷0,9	0,2÷0,4	0,6÷0,8	SM-Stahl 90÷100 kg Festigk.		1000÷850	680÷710	800÷830	Öl bzw. Wasser	200÷260	Haarschneidmaschinen- und Mähmesser
88	0,6÷0,85	0,2÷0,4	0,6÷0,8	75÷95		1050÷850	700÷720	780÷840		200÷260	Futter-, Häcksel, Mäh-, Leder-, Holländerm.
89	0,45÷0,65	0,2÷0,4	0,6÷0,8	65÷80		1100÷850	700÷720	800÷840		220÷260	Tisch-, Taschen-, Gemüse-, Haarschneidmaschinenmesser, Baum- u. Rebscherklingen
90	0,30÷0,5	0,2÷0,4	0,4÷0,8	55÷70		1100÷850	700÷720	820÷860		220÷260	Eß-, Dung-, Koks- u. Heugabeln, Schneider-, Stück- u. Nagelscheren, Sicheln u. Sensen[1]

[1] Sensen, Sicheln, Gabeln werden bis 350° angelassen.

behandlung (siehe S. 23). Aus Stahl 41 werden mengenmäßig die meisten Schneidwaren hergestellt. Um diesem Stahl die höchste Schneidhaltigkeit zu geben, muß die Härtetemperatur genügend hoch, $950 \div 1000°$, sein, andernfalls die Schneidhaltigkeit derart gering ist, daß der Stahl mit C-Stählen nicht in Wettbewerb treten kann.

Rostfreie Scheren werden aus Stahl 41, Tisch- und Fleischergabeln aus zäherem Stahl 42 hergestellt. — Die Erhitzung auf Härtetemperatur geschieht in zunehmendem Maße in stetig arbeitenden Leuchtgas-Härteöfen.

Rostunbeständige Gegenstände: Für beste Sorten Messer und Scheren werden Zementstähle (siehe S. 14) oder Edelstähle $79 \div 86$, für minderwertigere SM-Stähle $87 \div 90$ verwandt. — Rasierklingen werden meist an endlosen Bändern zwischen Metallbacken gehärtet. Rasiermesser nur in Wasser.

Die Erhitzung auf Härtetemperatur geschieht bei Tisch-, Tafel- und sonstigen Messern und auch bei Scheren meist noch im Schmiedefeuer (das setzt große Geschicklichkeit voraus!), in Koksöfen oder in stetig arbeitenden mit Generatorgas geheizten Öfen. Die unmittelbare Erhitzung in stetig arbeitenden Leuchtgasöfen hat Grobkörnigkeit und Sprödigkeit zur Folge, während Leuchtgasmuffelöfen (mittelbare Erhitzung) diese nachteiligen Eigenschaften nicht haben. — Auf das Glühen der Schneidmesser mit über $\sim 1\%$ C ist besonders Wert zu legen, da hiervon in hohem Maße die Schneidhaltigkeit abhängt. Der Zementit muß nach dem Glühen in kugeliger (möglichst feinkörniger) Form vorliegen, entsprechend einer Glühfestigkeit von $60 \div 70$ kg.

Holländermesser arbeiten nur umrührend in Zellulosemassen u. dgl. und werden beansprucht auf Abnutzung und Zähigkeit. Für rostfreie Messer wird Stahl 43 und auch Bronze, Stahl 47, sofern außerdem noch Alaun- und Säurebeständigkeit verlangt wird, Stahl 54, 45, 46 (siehe auch Anmerkung Stahl 46) verwandt. Rostunbeständige Holländermesser werden aus SM-Stählen $88 \div 90$ angefertigt.

Erläuterungen zu O.

Von Meßwerkzeugen werden folgende Eigenschaften verlangt: Geringster Härteverzug, gute Schleif- und Polierfähigkeit, größte Widerstandsfähigkeit gegen Abnutzung, hohe Maßbeständigkeit über lange Zeiten und auch bei Raumtemperaturwechsel.

Für rostfreie harte Meßwerkzeuge werden rostfreie Stähle 41 und 42 verwendet, für rost- und säurebeständige Teile: nichthärtende, verschleißfeste, austenitische Stähle 45 und 54, bei gleichzeitiger Raummaßbeständigkeit: nichthärtender 36%iger Ni-Stahl. Für rostunbeständige Meßwerkzeuge mit geringster gleichmäßiger Härtemaßänderung werden Ölhärterstähle $29 \div 33$ verwendet, mit stärkerer ungleichmäßiger Maßänderung: Wasserhärterstähle $26 \div 90$, mit sehr zähem Kern: Einsatz und Stickstoffstähle. Für Tastflächen und Tastspitzen mit größtem Widerstand gegen Abnutzung kommen Diamanten, Schneidmetalle und Stellite, Stähle $1 \div 3$, in Frage. An einigen Werkzeugen, wie Rachenlehren u. a. m., bestehen vielfach nur die Tastflächen aus härtbarem Stahl, der Formteil aus Schmiedeeisen oder auch Tempereisen.

Die Wasser- und auch Ölhärterstähle $31 \div 84$ haben nur dann geringsten Härteverzug, wenn der Zementit durch Glühen in kugeliger (möglichst feinkörniger) Form übergeführt wird. Bei der Einsatzhärtung ist geringster Verzug durch Erkalten der Teile mit dem Einsatzkasten gewährleistet. Die Stickstoff- (Nitrier-) Härtung (patentiert) geschieht bei $\sim 500°$ im Ammoniakstrom mit nachfolgender langsamer Abkühlung. Nitrierte Teile haben praktisch geringsten Härteverzug bei geringer Volumzunahme und sind härtespannungsfrei. Die Härte ist höher als die aller anderen Stähle.

O. Auswahl für Meßwerkzeuge.

Stahl Nr.	C %	Si %	Mn %	W %	Cr %	Mo %	Schmieden °	Glühen °	Härten °	Ablöschen	Anlassen °		Verwendung
41	0,42÷0,50	0,15÷0,40	0,2÷0,4	—	13÷15	0÷0,5	1050÷900	760÷800	950÷1000	Wasser	100÷200	Rostfreie Stähle	Meßwerkzeuge mit besonders zähem Kern
42	0,3÷0,42	0,15÷0,40	0,2÷0,4	—	13÷15	0÷0,5	1050÷900	760÷800	960÷1000	Wasser	100÷200		
29	1,8÷2,2	0,2÷0,4	0,2÷0,4	0÷1,3	11÷13	—	950÷850	780÷800	920÷980	Preßluft oder Öl	180÷240	Ölhärter-Stähle	Gewindeschablone und -ringe, Kaliberholzen und -ringe, Kalibern, Endmaße, Kegelkaliber, Lineale, Rachenlehren, Schublehren, Meßschrauben, Meßschablonen, Maße, Taster, Toleranzkaliber, Winkel, Zirkel u. dgl.
30	0,9÷1,1	0,3÷1,1	0,9÷1,1	0,9÷1,1	0,9÷1,1	—	950÷850	710÷730	770÷830 820÷860	Öl oder Preßluft	180÷220		
31	1,3÷1,5	0,2÷0,5	0,6÷0,9	—	1,3÷1,6	—	950÷850	700÷730	780÷820	Öl	180÷220		
32	0,8÷1,0	0,2÷0,4	0,7÷1,1	—	0,5÷1	—	1000÷800	650÷680	780÷820	Öl	180÷220		
33	0,9÷1,2	0,2÷0,4	0,8÷1,2	—	—	—	900÷800	630÷660	780÷820	Öl	180÷220		
26	0,9÷1,25	0,15÷0,25	0,2÷0,4	0,9÷1,2	0÷0,3	—	950÷800	700÷720	770÷800	Wasser	180÷200	Wasserhärter-Stähle	Meßwerkzeuge, die keine Maßänderung bei Schwankungen der Raumtemperatur haben dürfen, werden aus 36°/₀igem Ni-Stahl (Invarstahl) angefertigt. Dieser Stahl läßt sich schlecht bearbeiten.
27	0,7÷0,8	0,15÷0,25	0,2÷0,4	0,8÷1,1	—	—	1000÷800	710÷730	800÷820	Wasser	180÷200		
83	1,05÷1,2	0,15÷0,3	0,2÷0,4	—	—	—	950÷850	680÷710	770÷790	Wasser	180÷200		
84	0,9÷1,05	0,15÷0,3	0,2÷0,4	—	—	—	1000÷800	680÷710	780÷800	Wasser	180÷200		
89	0,45÷0,65	0,2÷0,4	0,6÷0,8	SM-Stahl 65÷80 kg Festigkeit			1100÷850	700÷720	800÷840	Wasser	180÷200	SM-Stähle	Tastflächen, Tastspitzen u. dgl., die größten Widerstand gegen Abnutzung erfordern, werden aus Diamanten (Stahl 1), Stelliten oder Karbidschneidmetallen (Stähle 2+3) hergestellt.
90	0,3÷0,5	0,2÷0,4	0,4÷0,8	SM-Stahl 55÷70 kg Festigkeit			1100÷850	700÷720	820÷860	Wasser	180÷200		
	0,2÷0,45	0,2÷0,4	0,3÷0,8	Al 1÷1,5	Cr ÷1,5	Mo ÷0,3	Ni ÷1,8	für Stickstoffhärtung		(500° im Ammoniakstrom)	—	Einsatzstähle	
	0,08÷0,18	0,2÷0,30	0,3÷0,5	Edelstahl oder St C 10,61			1200÷900	für Einsatzhärtung		Wasser	—		
	0,05÷0,13	0,2÷0,30	0,3÷0,5				1200÷900			Wasser	—		

Abnehmende Verschleißfestigkeit →

Meßwerkzeuge aus gehärteten Stählen, ausgenommen stickstoffgehärtete und austenitische Stähle 45, 54 und 36%iger Ni-Stahl, verändern im Laufe der Zeit ihr Volum durch geringen Spannungsausgleich. Durch künstliches Altern: entweder Trommeln (Erschüttern durch Kugelregen u. dgl.) oder Anlassen bei $100 \div 120°$, ~ 10 h und mehr, werden die vorhandenen Spannungen ausgeglichen bzw. wird das Werkzeug volumbeständig gemacht. Gehärtete Teile aus legierten Stählen können auch, sofern die Härte geringer sein kann, durch kurzes Anlassen bei 250° volumbeständig gemacht werden.

Bei Lehren für genaue Messungen ist darauf zu achten, daß sie aus Werkstoff mit derselben Ausdehnung bestehen wie die Werkstücke (für Eisen und Stahl — außer einigen Sonderstählen — 0,0115 mm für 1 m und 1°).

Erläuterungen zu P.

Von Kugeln und Kugellagern werden höchste Härten, geringste Abnutzung (hohe Verschleißfestigkeit), hohe Zähigkeit und Unempfindlichkeit gegen Druck- und Stoßbeanspruchung verlangt.

Je nach Abmessung und Form werden große Kugellager aus geschmiedeten oder gewalzten Ringen hergestellt, kleinere Lager aus warm- oder kaltgezogenen oder gefrimmelten oder geschälten Rohren, Kugeln und Rollen großer Abmessungen aus geschmiedetem oder gewalztem Stahl, kleine Abmessungen aus gezogenem Draht (siehe S. 13), meist durch Kaltstauchen.

Die guten Eigenschaften der Stähle $34 \div 36$ und 84 sind dann erst gesichert, wenn nach dem Glühen der Zementit in kugeliger (möglichst feinkörniger) Form vorliegt (Festigkeit geglüht Cr-Stahl $60 \div 72$, C-Stahl $60 \div 70$ kg), andernfalls gute spangebende und spanlose Formung erschwert und Rißbildung begünstigt wird.

Erläuterungen zu Q.

Magnete sollen das größte Maß an Magnetismus festhalten. Die Auswahl der Stähle richtet sich nach der Magnetform, der Beanspruchung, Temperatur und den erforderlichen magnetischen Gütewerten. Näheres S. 25 u. 26.

T. Mishima[1] hat festgestellt, daß Ni-Al-Stahl mit $10 \div 40\%$ Ni, $1 \div 10\%$ Al (eine nicht schmiedbare Gußlegierung) sich besonders gut für Dauer-Gußmagnete eignet. Bei diesen hoch säurefesten und hitzebeständigen Stählen ändern sich mit der Legierung, Koerzitivkraft, Remanenz, spez. Gewicht und die Hitze- und Säurebeständigkeit. Bis 700° sollen die hochlegierten Stähle sehr wenig die magnetischen Eigenschaften verändern und außerdem sehr beständig gegen Erschütterungen sein. Die Stähle werden, sobald die Versuche abgeschlossen sind, sich manches Verwendungsgebiet erobern.

Erläuterungen zu R.

Federn dienen dazu, Stöße und Schläge aufzunehmen bzw. zu mildern (Trag-Pufferfedern u. dgl.) oder die aufgenommene Arbeitskraft in milderer Form weiterzuleiten (Blattfedern an Schmiedehämmern u. dgl.), Ventile oder dgl. zu öffnen, zu schließen oder auch zu sperren (Ventil-Schloßfedern u. dgl.) oder Arbeitskraft aufzuspeichern und abzugeben (Uhren-Spieldosenfedern u. dgl.).

Die Auswahl der Stähle ist abhängig von der Beanspruchung, die nicht immer rechnerisch erfaßt werden kann, der Abmessung und Größe, der federharten Festigkeit und der Arbeitstemperatur.

Die Walz- und Schmiedetemperatur der Federstähle beträgt $950 \div 850°$. Das charakteristische fasersehnige Bruchgefüge der Federstähle ist durch einen

---

[1] Stahl u. Eisen 1933, H. 3, S. 79 und Nickel-Berichte 1933, H. 1.

P. Auswahl für Kugeln und Kugellager.

Stahl Nr.	C %	Si %	Mn %	Cr %	Co %	Schmieden °	Glühen °	Härten °	Ablöschen	Anlassen °	Anlassen h		Verwendung
39	0,9÷1,10	0,15÷0,40	0,2÷0,4	13÷15	2,5÷3,5 Mo	1000÷900	760÷780	1150÷1180	Öl od. Luft	500÷600	1/4÷1/2	Abnehmende Verschleißfestigkeit →	Rostfreie Kugeln u. Kugellager höchster Beanspruchung
40	0,6÷0,7	0,15÷0,40	0,2÷0,4	13÷15	1,5÷2,5	1000÷900	760÷800	960÷1020	Öl	200	1/4÷1/2		Rostbeständige Kugel-, Rollen-, Tonnenlager, Schalen, Scheiben, Kugeln und Rollen stärkster Abmessg. sowie höchster Härte u. Beanspruchg.
41	0,42÷0,50	0,15÷0,40	0,2÷0,4	13÷15	0÷0,5	1050÷900	760÷800	950÷1000	Wasser	200	—		
34	0,85÷1,10	0,1÷0,30	0,2÷0,4	1,6÷1,85	0÷0,4	950÷800	730÷760	830÷860	Öl	160÷180	1/2		
35	0,85÷1,10	0,1÷0,30	0,2÷0,4	1,3÷1,6	0÷0,4	950÷800	730÷760	830÷860	Öl	160÷180	1/2		
36	0,85÷1,05	0,1÷0,30	0,2÷0,4	0,6÷1,10	0÷0,4	1000÷850	700÷730	780÷800	Wasser	100÷120	1÷2		Höchstbeanspruchte Kugeln und Rollen bis etwa 15 mm ∅
84	0,90÷1,05	0,15÷0,30	0,2÷0,4	—	—	1000÷800	680÷710	760÷800	Wasser	100÷120	1÷2		Kleine Stahlkugeln und Rollen geringerer Beanspruchung
87	0,8÷0,9	0,20÷0,40	0,6÷0,8	SM-Stahl 90÷100 kg Fest.		1000÷850	680÷710	780÷830	Öl od. Wass.	0÷120	1÷2		Große u. weniger stark beanspr. Kugeln für Farbmühlen u. dgl.
88	0,6÷0,85	0,20÷0,40	0,6÷0,8	SM-Stahl 75÷95 kg Fest.		1050÷850	700÷720	780÷840	Öl od. Wass.	0÷120	1÷2		

Q. Auswahl für Magnete und nach magnetischen Gütewerten.

Stahl Nr.	C %	Si %	Mn %	W %	Cr %	Co %	Mo %	Schmieden °	Biegen °	Glühen °	Härten °	Ablöschen	Remanenz	Koerzitivkraft		Verwendung
48	0,8÷1,0	0,15÷0,30	0,2÷0,8	1,5÷5,0	5÷9	30÷40	0÷4,5	950÷800	950÷800	720÷780	930÷960	Öl	8÷9000	220÷260	Steigende Remanenz → ← Abnehmende Koerzitivkraft	Gegossene od. aus fertigte Magnete angefertigte Magnete für Meßinstrumente, Zündapparate, Zähler, Wecker, Radio, Telephon, Lichtmaschin., Bremsappar., u. dgl.
49	0,9÷1,20	0,15÷0,30	0,2÷0,5	—	8÷10	15÷17	1,2÷2,0	950÷800	950÷800	s. Anmerkung S. 25		Öl	7,5÷9000	170÷190		
50	0,9÷1,20	0,15÷0,30	0,2÷0,5	—	8÷10	10,5÷12,5	1,2÷2,0	950÷800	950÷800			Öl	9÷9800	140÷165		
51	0,9÷1,20	0,15÷0,30	0,2÷0,5	—	5÷6	5÷6	—	950÷800	950÷800	620÷700	880÷930	Öl	9÷9800	85÷100		
52 a)	0,6÷0,75	0,15÷0,30	0,2÷0,4	4,5÷6	0,8÷1,1	—	—	1200÷900	950÷800	680÷710	790÷810 810÷840	Wasser Öl	9,5÷11000	55÷70		Nur aus Stabstahl angefertigte Magnete für Meßinstrumente, Zündappar., Zähler, Radioapparate, Lautspr. u. dgl.
b)	0,6÷0,75	0,15÷0,30	0,2÷0,4	4,5÷6	0,3÷0,4	—	—	1200÷900	950÷800	650÷680	820÷860 840÷900	Wasser Öl	9,5÷11000	55÷70		
53	0,9÷1,05	0,15÷0,30	0,2÷0,4	—	2,0÷2,3	—	—	950÷800	900÷750	630÷680	780÷810 820÷850	Wasser Öl	90÷11000	50÷65		
87	0,8÷0,9	0,2÷0,4	0,6÷0,8	SM-Stahl 90÷100 kg Festigkeit				1000÷850		680÷710	760÷800 800÷840	Wasser Öl	7÷8500	45÷60		Sehr große Mühlenmagn. u. dgl., wobei d. Gewicht keine Rolle spielt.

R. Auswahl für Federn und mechanische Gütewerte der Federstähle.

Stahl Nr.	C %	Si %	Mn %	Cr %	Federn-wickeln °	Glühen °	Härten °	Ab-löschen	An-lassen °	Zu-stand	Streck-grenze kg/mm²	Bruch-festigk. kg/mm²	Deh-nung l=10d %	Einschnü-rung %	Elastizitäts-modul	Belastung der Federblätter Höchst-belast. kg/mm²	Faser-spanng. kg/mm²		Verwendung
68	0,53÷0,60	~3	0,7÷0,8	—	900÷800	640÷680	800÷840	Öl	380÷430	naturh. federh.	75[1] 155	105[1] 165	10[1] 5	18[1] 18	20000	280[1]	170[1]	↑	Geschütz(Vorhol-)federn u. dgl.
69	0,45÷0,55	0,8÷1,1	0,4÷0,6	0,8÷1,2	900÷800	650÷670	800÷840	Öl	420÷520	naturh. federh.	65 145	95 155	12 6	33 25	20000	280	160		Autoblattfedern werden auf 125÷135 kg Festigkeit ver-gütet
70	0,45÷0,55	0,1÷0,3	0,7÷1,0	0,9÷1,1 0,15÷0,25 v	900÷800	650÷670	800÷840	Öl	420÷520	naturh. federh.	65 130	90 140	13 5	35 30	21000	240	145		sehr weich federnd
66	0,45÷0,60	0,2÷0,8	1,7÷2,2	—	900÷800	600÷650	800÷820	Öl	450÷520	naturh. federh.	70 125	100 140	12 5	35 30	19÷21000	260	150	Abnehmende federharte Festigkeit	Autoblattfedern Lokomotivfedern Reglerfedern
71	0,45÷0,60	1,8÷2,2	0,7÷1,0	—	900÷800	620÷650	780÷800 / 800÷830	Wasser Öl	380÷480	naturh. federh.	65 135	95 150	10 6	25 25	19÷21000	260	150		Schraubenfedern Spiralfedern, Ventilfedern Bellevilefedern Gewehrschloßfedern u. dgl.
72	0,6÷0,7	1,5÷1,8	0,6÷0,8	—	900÷800	630÷650	820÷840	Öl od. Wasser	380÷500	naturh. federh.	65 135	95 150	10 6	25 25	19÷21000	260	150		
73	0,45÷0,55	1,5÷1,8	0,5÷0,8	—	900÷800	630÷650	780÷800	Wasser	380÷500	naturh. federh.	55 135	85 145	12 6	30 30	19÷21000	260	150		
74	0,8÷0,85	0,3÷0,5	0,7÷1,0	—	900÷800	630÷660	800÷820	Öl	380÷500	naturh. federh.	60 115	95 140	8 5	20 15	19÷21000	250	140		
75	0,65÷0,70	0,8÷1,0	1,0÷1,2	—	900÷800	620÷640	780÷820	Öl	380÷500	naturh. federh.	60 110	93 140	9 4,5	15 15	19÷21000	240	135		Normale Eisenbahnfedern, wie Trag-, Puffer-, Scheiben-federn
76	0,45÷0,5	0,9÷1,2	1,0÷1,2	—	900÷800	620÷640	750÷780	Wasser	380÷500	naturh. federh.	50 100	82 130	11 5,5	20 20	19÷21000	230	130		Schrauben-, Auto-, Regler-Ventil-, Wagen-, Kalesche-Kultivator-, Spiralfedern, Federringe, Federblätter für Federhämmer u. dgl.
77	0,4÷0,45	0,8÷1,0	0,8÷1,0	—	900÷800	—	780÷800	Wasser	380÷500	naturh. federh.	50 95	78 125	12 6	24 23	19÷21000	210	120		
78	0,35÷0,4	0,7÷0,9	0,7÷0,9	—	900÷800	—	800÷830	Wasser	380÷500	naturh. federh.	40 85	72 110	13 6,5	30 25	19÷21000	205	115	↓	
83	1,05÷1,2	0,15÷0,3	0,2÷0,4	—	—	—	—	—	—	Uhrband-Federstahl gezogen bzw. kalt gewalzt					—	—	—		Uhren-, Spieldosenfedern u. dgl.
84	0,9÷1,05	0,15÷0,3	0,2÷0,4	—	—	—	—	—	—	„					—	—	—		
88	0,6÷0,85	0,2÷0,4	0,6÷0,8	—	—	—	—	—	—	„ naturhart, kaltgezogen oder kaltgewalzt					—	—	—		Kinderwagen-, Rebscher-, Rolladen-, Schloß-, Wagen-federn (Ölhärtung) u. dgl.
89	0,45÷0,65	0,2÷0,4	0,6÷0,8	—	—	—	—	—	—	„					—	—	—		

SM-Stahl 75÷95 kg Festigkeit
„ 65÷80 kg „

[1] Rostfreie Federn siehe rostfr. Stähle S. 17 und 18.

S. Auswahl für Spindeln.

Stahl Nr.	C %	Si %	Mn %	Cr %	Mo %	Schmieden °	Glühen °	Härten °	Ab-löschen	Anlassen °	Verwendung
34	0,85÷1,1	0,1÷0,3	0,2÷0,4	1,6÷1,85	0÷0,4	950÷800	730÷760	830÷860	Öl	100÷180	Gehärtete Fleyer-, Kopf-, Selfaktor-, Picker-, Preß-, Weberei-, Spinn-, Maschinen-, Zentrifugenspindeln u. dgl.
33	0,9÷1,2	0,2÷0,4	0,8÷1,2			900÷800	630÷660	780÷820	Öl	100÷180	
82	1,2÷1,35	0,15÷0,3	0,2÷0,4			950÷850	680÷710	740÷780 800÷830	Wasser Öl	100÷180	
83	1,05÷1,2	0,15÷0,3	0,2÷0,4			950÷850	680÷710	750÷790 800÷840	Wasser Öl	100÷180	
88	0,6÷0,85	0,2÷0,4	0,6÷0,8	SM-Stahl 75÷95 kg Festigkeit		1050÷850	700÷720	800÷840	Öl	—	
89	0,45÷0,65	0,2÷0,4	0,6÷0,8	SM-Stahl 65÷80 kg Festigkeit		1100÷850	700÷720	800÷850	Öl oder Wasser	—	
90	0,3÷0,5	0,2÷0,4	0,4÷0,8	SM-Stahl 55÷70 kg Festigkeit		1100÷850	—	820÷860	Wasser	—	Vergütet auf 90÷120 kg ,, Vergütete Drehbank-, Zentrifugenspindeln u. dgl.
VCN 45	~0,3	~0,25	0,4÷0,8	1,3±0,25	Ni ~4,5	1100÷1000	560÷580	820÷850	Öl	500÷600	80÷90 ,, 70÷85 ,, Festigkeit
VCN 15	0,25÷0,4	~0,25	0,4÷0,8	0,3÷0,7	1,25÷1,75	1100÷900	630÷650	820÷850	Öl	500÷600	
77	0,4÷0,45	0,8÷1,0	0,8÷1,0			950÷850	620÷640	780÷800	Öl oder Wasser	500÷600	
	0,08÷0,18	0,2÷0,30	0,3÷0,5	Einsatzstahl oder St C 10.61		1100÷850	—	im Einsatz	Wasser	—	Kleine im Einsatz gehärtete zähe Spindeln aller Art

Abnehmende Verschleißfestigkeit →

bestimmten Schlackengehalt bedingt. Dieses Gefüge wird bei Anwendung zu hoher Walz- und oder Härtetemperatur zerstört. Da die Stähle mehr oder weniger warmempfindlich sind, ist bei jeder Warmbehandlung größte Vorsicht geboten. Öfteres Nachwärmen (beim Ösenrollen oder dgl.) ist unbedingt zu vermeiden. — Das Anlassen ist im allgemeinen nach kurzer gleichmäßiger Durchwärmung beendet. Größere Federn aus höher legiertem Stahl werden vorteilhaft nicht unter 15 min angelassen. Längere Anlaßzeiten wirken wie höhere Anlaßtemperaturen erniedrigend auf die Festigkeit. — Dem Stahl 70 wird zuweilen 0,3% Mo statt 0,25% V zugesetzt. Sehr schwache und kleine Federn für Uhren, Grammophone u. dgl. werden meist aus Kohlenstoffstählen 83 und 84 oder aber aus Federstahl 71 (noch mit 0,25—0,35% Cr legiert) hergestellt, und zwar aus gehärtetem, kaltgewalztem oder gezogenem Band- bzw. Rund- oder Formstahl. Diese Federn werden meist an endlosen Bändern zwischen Metallbacken gehärtet. Matratzenfedern werden aus kaltgezogenem, billigem SM-Stahl ohne jede Warmbehandlung angefertigt; Kinderwagen-, Schloß- und sonstige Federn geringer Beanspruchung in der Hauptsache aus naturharten SM-Stählen 89 und 90.

Erläuterungen zu S.

Spindeln u. dgl. dienen zur Kraft- oder auch nur zur Bewegungsübertragung. Große Spindeln werden aus gewalztem oder geschmiedetem Stahl, kleine oft aus kaltgezogenem Stahl hergestellt. Die Spindeln sollen widerstandsfähig gegen Abnutzung sein und ein bestimmtes Maß an Zähigkeit haben.

Die Auswahl der Stähle ist abhängig von der Form und Größe und der Beanspruchung.

Je nach Größe und Beanspruchung werden für Spindeln härtbare Stähle 34 bis 90 verwandt, die ganz oder aber nur an den Lagerstellen bzw. Füßchen gehärtet werden, wobei der ungehärtete Teil zäh und wenig federnd bleibt. Die Vergütungsstähle VCN 45÷77 werden für Spindeln verwandt, die verschleißfest und dabei besonders zähe sein müssen. Im Einsatz gehärtete Spindeln aus Einsatzstahl (genormt), der zur Erhöhung der Festigkeit auch noch Cr und oder Ni enthalten kann, sind sehr verschleißfest und besonders zähe. Spindelspitzen, die besonders hohem Verschleiß unterworfen sind, werden mit Stellit, Stahl 3, überzogen. Die Achse dieser Spindeln besteht aus Cr-Ni- oder SM-Stählen.

Verlag von Julius Springer / Berlin

WERKSTATTBÜCHER
FÜR BETRIEBSBEAMTE, KONSTRUKTEURE U. FACHARBEITER
HERAUSGEGEBEN VON DR.-ING. EUGEN SIMON, BERLIN

Bisher sind erschienen (Fortsetzung):

Heft 35: **Der Vorrichtungsbau.** II: Bearbeitungsbeispiele mit Reihen planmäßig konstruierter Vorrichtungen. Typische Einzelvorrichtungen. Von Fritz Grünhagen.

Heft 36: **Das Einrichten von Halbautomaten.** Von J. van Himbergen, A. Bleckmann, A. Waßmuth.

Heft 37: **Modell- und Modellplattenherstellung für die Maschinenformerei.** Von Fr. und Fe. Brobeck.

Heft 38: **Das Vorzeichnen im Kessel- und Apparatebau.** Von Ing. Arno Dorl.

Heft 39: **Die Herstellung roher Schrauben.** I: Anstauchen der Köpfe. Von Ing. Jos. Berger.

Heft 40: **Das Sägen der Metalle.** Von Dipl.-Ing. H. Hollaender.

Heft 41: **Das Pressen der Metalle (Nichteisenmetalle).** Von Dr.-Ing. A. Peter.

Heft 42: **Der Vorrichtungsbau.** III: Wirtschaftliche Herstellung und Ausnutzung der Vorrichtungen. Von Fritz Grünhagen.

Heft 43: **Das Lichtbogenschweißen.** Von Dipl.-Ing. Ernst Klosse.

Heft 44: **Stanztechnik.** I: Schnittechnik. Von Dipl.-Ing. Erich Krabbe.

Heft 45: **Nichteisenmetalle.** I: Kupfer, Messing, Bronze, Rotguß. Von Dr.-Ing. R. Hinzmann.

Heft 46: **Feilen.** Von Dr.-Ing. Bertold Buxbaum.

Heft 47: **Zahnräder.** I: Aufzeichnen und Berechnen. Von Dr.-Ing. Georg Karrass.

Heft 48: **Öl im Betrieb.** Von Dr.-Ing. Karl Krekeler.

Heft 49: **Farbspritzen.** Von Obering. Rud. Klose.

In Vorbereitung bzw. unter der Presse befinden sich:
Technisches Rechnen. Von Dr. V. Happach.
Spannen. Von Ing. Fr. Klautke.

---

*Die Werkzeugstähle und ihre Wärmebehandlung. Berechtigte deutsche Bearbeitung der Schrift: "The Heat Treatment of Tool Steel" von H. Brearley, Sheffield, von Dr.-Ing. Rudolf Schäfer. Dritte, verbesserte Auflage. Mit 226 Textabbildungen. X, 324 Seiten. 1922. Gebunden RM 12.—

---

*Die Konstruktionsstähle und ihre Wärmebehandlung. Von Dr.-Ing. Rudolf Schäfer. Mit 205 Textabbildungen und einer Tafel. VIII, 370 Seiten. 1923. Gebunden RM 15.—

---

*Härten und Vergüten. Von Dr.-Ing. Eugen Simon. („Werkstattbücher", Heft 7 und 8.)

Erster Teil: Stahl und sein Verhalten. Dritte, völlig umgearbeitete und vermehrte Auflage. Mit 91 Abbildungen im Text und 8 Tabellen. 70 Seiten. 1930. RM 2.—

Zweiter Teil: Die Praxis der Warmbehandlung. Dritte, völlig umgearbeitete und vermehrte Auflage. Mit 116 Abbildungen im Text und 6 Tabellen. 65 Seiten. 1931. RM 2.—

---

* *Auf die Preise der vor dem 1. Juli 1931 erschienenen Bücher wird ein Notnachlaß von 10 % gewährt.*

MIX
Papier aus verantwortungsvollen Quellen
Paper from responsible sources
FSC® C105338

If you have any concerns about our products,
you can contact us on
ProductSafety@springernature.com

In case Publisher is established outside the EU,
the EU authorized representative is:
**Springer Nature Customer Service Center GmbH
Europaplatz 3, 69115 Heidelberg, Germany**

Printed by Libri Plureos GmbH
in Hamburg, Germany